序

JN104752

　科目「電気回路」の目標は，高等学校学習指導要領によると「工業の見方・考え方を働かせ，実践的・体験的な学習活動を行うことなどを通して，電気現象を量的に取り扱うことに必要な資質・能力を育成することを目指す」ことにあります。また，高等学校学習指導要領解説に，「電気的諸量について理解するために，量と単位の取扱い，量と量との関係，式の変形及び計算方法などの取扱いについては，演習を重視して理解度と定着度を高め，実際に活用できるよう工夫して指導すること」とあります。「電気回路」の内容は，(1) 電気回路の要素，(2) 直流回路，(3) 交流回路，(4) 電気計測，(5) 各種の波形となっています。これらはいずれも電気・電子系の専門科目の基礎となるものです。

　本書は，文部科学省検定済教科書「電気回路1」(工業724) および「電気回路2」(工業725) に準拠した演習問題集として，高等学校工業科の電気・電子系，総合学科の電気電子系コースおよび工業科のその他の科で「電気回路」を学ぶ生徒や指導する教師のために，編集したものです。

[本書の特長]

・　生徒が授業の進行に合わせ，本書の演習問題に取り組むことで，学習内容の定着を図ることができます。また，本書には第二種電気工事士など各種資格試験に対応できる問題を掲載していますので，生徒が自主的に本書の演習問題に取り組むことで，計算能力を高め，こういった試験に対応できる力を身に付けることができます。

・　電気回路の学習では，中学校までに学んだ加減乗除の計算をすることが多くなります。たとえば，抵抗やコンデンサの直並列接続の計算では，分数式の加減乗除の計算が必要です。また，指数による数の表現と指数や平方根の加減乗除の計算も必要となります。そこで本書では，冒頭に「電気回路のための数学基本問題」の章を設け，「分数式に関する計算」と「指数・平方根に関する計算」を取り上げて，これらの計算に慣れることができるようにしました。

目 次

序章　電気回路のための数学基本問題…………… *1*

1章　電気回路の要素 ……………………………… *4*

2章　静電現象と静電容量 ………………………… *11*

3章　インダクタンスと磁気現象 ………………… *14*

4章　直流回路 ……………………………………… *20*

5章　交流の基礎 …………………………………… *26*

6章　交流回路の電流・電圧・電力 ……………… *30*

7章　記号法 ………………………………………… *39*

8章　三相交流 ……………………………………… *48*

9章　電気計器 ……………………………………… *54*

10章　　各種の波形 ……………………………… *58*

1 分数式に関する計算

1 次の分数式を計算しなさい。

(1) $\dfrac{2}{3}+\dfrac{4}{3}$

(2) $\dfrac{1}{12}+\dfrac{9}{12}$

(3) $\dfrac{7}{12}-\dfrac{1}{12}$

(4) $2+\dfrac{1}{10}$

(5) $\dfrac{7}{8}-\left(\dfrac{1}{4}+\dfrac{1}{4}\right)$

(6) $\dfrac{2}{5}+\dfrac{4}{3}$

(7) $\dfrac{2}{3}\times\dfrac{4}{5}$

(8) $\dfrac{2}{5}\div\dfrac{4}{5}$

（答）(1)　　　(2)　　　(3)　　　(4)　　　(5)　　　(6)　　　(7)　　　(8)

2 次の分数式を計算しなさい。

(1) $\dfrac{1}{2}+\dfrac{2}{3}+\dfrac{3}{4}$

(2) $\dfrac{3}{5}-\dfrac{1}{3}$

(3) $\dfrac{1}{2}-\dfrac{3}{4}+\dfrac{5}{8}$

(4) $\dfrac{3}{2}-\left(\dfrac{1}{3}+\dfrac{1}{4}\right)$

（答）(1)　　　(2)　　　(3)　　　(4)

3 次の分数式を計算しなさい。

(1) $\dfrac{2}{3}\times\left(\dfrac{3}{5}+\dfrac{1}{4}\right)$

(2) $2\div\left(\dfrac{1}{2}+\dfrac{1}{4}\right)$

(3) $\dfrac{1}{0.2}+\dfrac{1}{0.5}$

(4) $\dfrac{5}{0.3}-\dfrac{2}{0.5}$

(5) $\dfrac{1}{\dfrac{1}{3}+\dfrac{1}{4}}$

(6) $\dfrac{1}{\dfrac{2}{3}-\dfrac{3}{5}}$

(答)	(1)	(2)	(3)	(4)	(5)	(6)

2　指数・平方根に関する計算

4　次の指数を含む式を計算しなさい。ただし，(5) から (11) は指数表現で答えること。

(1) 10^2

(2) 10^0

(3) 10^{-1}

(4) 10^{-3}

(5) $10^2 \times 10^4$

(6) $10^{-6} \times 10^{-3}$

(7) $10^9 \times 10^{-5}$

(8) $10^2 \times 10^{-3} \times 10^{-4}$

(9) $(10^2)^3$

(10) $(10^3)^{-4}$

(11) $(10^{-3})^2 \times (10^3)^3$

(答)	(1)	(2)	(3)	(4)	(5)	(6)
	(7)	(8)	(9)	(10)	(11)	

5　次の指数を含む式を計算しなさい。

(1) $2+10^0$

(2) $5+10^1$

(3) $3-10^{-1}$

(4) 8×10^3

(5) $3 \times 10^2 \times 10^{-3}$

(6) $\quad 10^5 \times \dfrac{1}{10} \times \left(\dfrac{1}{10^3}\right)^2$

(7) $\quad 5^3 \times \dfrac{1}{25} \times \dfrac{1}{50}$

(8) $\quad (4^2+3^2)(4^2-3^2)$

（答）	(1)	(2)	(3)	(4)	(5)	(6)	(7)	(8)

6　次の平方根を含む式を計算しなさい。

(1) $\quad \sqrt{16}+6$

(2) $\quad \sqrt{8}+\sqrt{2}$

(3) $\quad \sqrt{3^2+4^2}$

(4) $\quad \sqrt{14-\sqrt{25}}$

(5) $\quad (\sqrt{3}+\sqrt{5})^2$

(6) $\quad (\sqrt{8}-\sqrt{5})^2$

(7) $\quad (\sqrt{10}+\sqrt{7})(\sqrt{10}-\sqrt{7})$

(8) $\quad \dfrac{\sqrt{500}}{\sqrt{5^2+15^2}}$

（答）	(1)	(2)	(3)	(4)	(5)	(6)	(7)	(8)

7　次の指数・平方根を含む式を計算しなさい。

(1) $\quad 10^6 \times 10^3$

(2) $\quad 10^{-3} \times 10^{-6}$

(3) $\quad 10^2 \times 10^{-6} \times (10^3)^2$

(4) $\quad 10^9 \div 10^3 \times 10^{-12}$

(5) $\quad (10^3)^4 \div 10^5 \times \dfrac{1}{10^3}$

(6) $\quad \dfrac{1}{10^2} \times \left(\dfrac{1}{10^3}\right)^2 \div 10^4$

(7) $\quad 3^2 \times \sqrt{3^{-4}}$

(8) $\quad \sqrt{40^2+30^2}-50$

(9) $\quad \dfrac{1}{\sqrt{4\pi \times 10^{-7} \times \dfrac{10^{-9}}{36\pi}}}$

(10) $\quad \sqrt{\dfrac{\dfrac{10^{-9}}{36\pi}}{4\pi \times 10^{-7}}}$

（答）	(1)	(2)	(3)	(4)	(5)
	(6)	(7)	(8)	(9)	(10)

1・1 電流と電圧に関する問題

$\boxed{1}$　図1・1は原子の構成を示すものである。図中の空欄を埋めなさい。

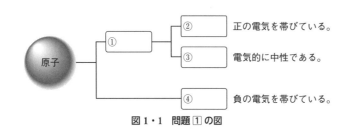

② 正の電気を帯びている。

③ 電気的に中性である。

④ 負の電気を帯びている。

図1・1　問題 $\boxed{1}$ の図

(答)　①　　　　　　②　　　　　　③　　　　　　④

$\boxed{2}$　次の文章の $\boxed{}$ に適当な語を答えなさい。

(1)　正負の電気を量的に扱うとき，これらを $\boxed{①}$ とよび，①の量を $\boxed{②}$ という。この単位には $\boxed{③}$ （単位記号 C）を用いる。

(2)　原子核の引力から離れて物質内を自由に動き回る事ができる電子を $\boxed{④}$ という。④は $\boxed{⑤}$ の電荷を帯びている。

(3)　電池のように，電流を流すための電気エネルギーを供給する装置を $\boxed{⑥}$ という。

(4)　導体中に電流が流れるとき，導体内部の自由電子は電流の流れる向きと $\boxed{⑦}$ に動く。

(5)　豆電球のように電源から電気エネルギーの供給を受け，ほかのエネルギーに変換するものを $\boxed{⑧}$ という。

(6)　電源のように，回路中に電流を流そうとする力を $\boxed{⑨}$ という。⑨の単位には $\boxed{⑩}$ （単位記号 V）を用いる。

(7)　電流の流れる方向は $\boxed{⑪}$ によって決められる。電流は⑪の $\boxed{⑫}$ 方から $\boxed{⑬}$ 方へ流れる性質がある。

(8)　電位の差のことを $\boxed{⑭}$ または $\boxed{⑮}$ と呼ぶ。

(9)　向きが一定で時間が経過しても大きさが変化しないような電圧や電流を $\boxed{⑯}$ という。一方，大きさと向きが周期的に変化する電圧や電流は $\boxed{⑰}$ という

(答)　①　　　　②　　　　③　　　　④　　　　⑤　　　　⑥

⑦　　　　⑧　　　　⑨　　　　⑩　　　　⑪　　　　⑫

⑬　　　　⑭　　　　⑮　　　　⑯　　　　⑰

$\boxed{3}$　0.2 s の間に 2.4 C の電気量 Q 〔C〕が移動した。このとき流れる電流 I 〔A〕を求めなさい。

(答)　$I=$　　　　　　　　A

4 ある電線に 0.4 A の電流が流れているという。この場合，1.5 s の間に電線のある断面を通過する電気量 Q 〔C〕はいくらか。

(答) $Q =$ _____ C

5 次の回路において，電位と電位差を答えなさい。

(1)
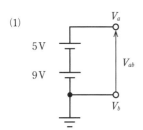

(2)
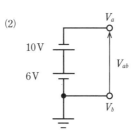

(3)
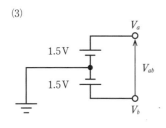

(4)
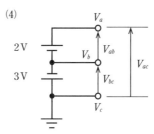

図 1・2 問題 5 の図

(答) (1) $V_a =$ ____ V (2) $V_a =$ ____ V (3) $V_a =$ ____ V (4) $V_a =$ ____ V

 $V_b =$ ____ V $V_b =$ ____ V $V_b =$ ____ V $V_b =$ ____ V

 $V_{ab} =$ ____ V $V_{ab} =$ ____ V $V_{ab} =$ ____ V $V_c =$ ____ V

 $V_{ab} =$ ____ V

 $V_{bc} =$ ____ V

 $V_{ac} =$ ____ V

1・2 電気抵抗に関する問題

6 次の文章の ☐ に適当な語を答えなさい。

(1) 電流をよく通す物質を ① といい，逆に電流をほとんど通さない物質を ② または不導体という。また，① と ② の中間にあたるものを ③ という。

(2) 抵抗に電流が流れたとき，その両端に現れる電圧を ④ という。

(3) 電気的に等価である回路のことを ⑤ という。

(4) 断面積 1 m²，長さ 1 m の導体の相対する両面間の抵抗値を ⑥ と呼び，単位には ⑦ (単位記号 Ω·m) を用いる。また，⑥ の逆数は ⑧ と呼び，単位には ⑨ (単位記号 S/m) を用いる。

(答)

7 接頭語についての次表の空欄を埋め，完成させなさい。

接頭記号	名称	量（乗数）	接頭記号	名称	量（乗数）
①	②	10^{12}	⑨	⑩	10^{-3}
③	④	10^{9}	⑪	⑫	10^{-6}
⑤	⑥	10^{6}	⑬	⑭	10^{-9}
⑦	⑧	10^{3}	⑮	⑯	10^{-12}

8 図1・3の回路に流れる電流 I 〔mA〕を求めなさい。

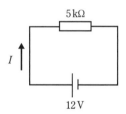

5 kΩ

I

12 V

図1・3　問題 8 の図

（答）　$I =$ 　　　　　mA

9 3 kΩ の抵抗に 4 mA の電流を流したい。この抵抗に何〔V〕の電圧を加えればよいか求めなさい。

（答）　　　　　V

10 ある回路に 60 V の電圧を加えたら，3 A の電流が流れた。この回路がもつ抵抗を求めなさい。

（答）　　　　　Ω

11 ある負荷は 3 V の電圧を加えて 50 mA の電流を流すことで働くことができる。図1・4のような回路を用意したとき，抵抗 R 〔Ω〕はいくらとすればよいか。

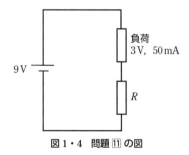

負荷
3 V，50 mA

9 V

R

図1・4　問題 11 の図

（答）　$R =$ 　　　　　Ω

12 図 1・5 の回路について，各問に答えなさい。

(1)　回路の合成抵抗 R 〔Ω〕を求めなさい。

(2)　回路を流れる電流 I 〔A〕を求めなさい。

(3)　各抵抗に加わる電圧 V_1 〔V〕，V_2 〔V〕を求めなさい。

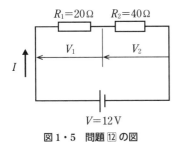

図 1・5　問題 12 の図

(答)　(1)　$R =$ 　　　Ω

　　　(2)　$I =$ 　　　A

　　　(3)　$V_1 =$ 　　　V

　　　　　$V_2 =$ 　　　V

13 図 1・6 の回路について，各問に答えなさい。

(1)　回路の合成抵抗 R 〔Ω〕を求めなさい。

(2)　回路を流れる電流 I 〔A〕を求めなさい。

(3)　各抵抗に加わる電圧 V_1 〔V〕，V_2 〔V〕，V_3 〔V〕を求めなさい。

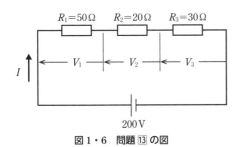

図 1・6　問題 13 の図

(答)　(1)　$R =$ 　　　Ω

　　　(2)　$I =$ 　　　A

　　　(3)　$V_1 =$ 　　　V

　　　　　$V_2 =$ 　　　V

　　　　　$V_3 =$ 　　　V

14 図 1・7 の回路において，各抵抗を流れる電流 I_1 〔A〕，I_2 〔A〕を求めなさい。

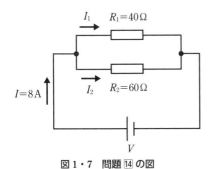

図 1・7　問題 14 の図

(答)　$I_1 =$ 　　　A

　　　$I_2 =$ 　　　A

15　図 1・8 の回路について，各問に答えなさい。

(1)　回路の合成抵抗 R〔Ω〕を求めなさい。

(2)　回路を流れる全電流 I〔A〕を求めなさい。

(3)　各抵抗を流れる電流 I_1〔A〕，I_2〔A〕，I_3〔A〕を求めなさい。

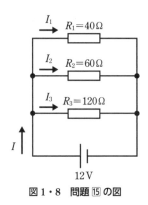

図 1・8　問題 15 の図

(答)　(1)　$R=$　　　　Ω

　　　(2)　$I=$　　　　A

　　　(3)　$I_1=$　　　　A

　　　　　　$I_2=$　　　　A

　　　　　　$I_3=$　　　　A

16　図 1・9 の回路について，各問に答えなさい。

(1)　スイッチ S が開いているとき，回路の合成抵抗 R〔Ω〕と回路に流れる電流 I〔A〕を求めなさい。

(2)　スイッチ S が閉じたとき，回路の合成抵抗 R〔Ω〕と 16 Ω の抵抗に加わる電圧 V_{16}〔V〕を求めなさい。

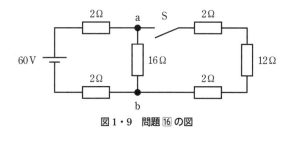

図 1・9　問題 16 の図

(答)　(1)　$R=$　　　　Ω

　　　　　　$I=$　　　　A

　　　(2)　$R=$　　　　Ω

　　　　　　$V_{16}=$　　　　V

17　図 1・10 の回路において，電圧計が 24 V を指示しているとき，電流計の指示値 I_A〔A〕を求めなさい。ただし，電流計の抵抗は 0 Ω，電圧計の抵抗は無限大として考える。

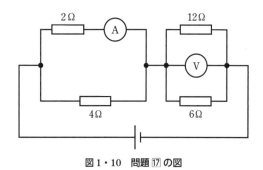

図 1・10　問題 17 の図

(答)　$I_A=$　　　　A

18 次の回路において，電圧計の指示値 V〔V〕を求めなさい。

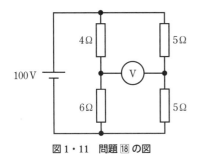

図 1・11　問題 18 の図

(答)　$V =$ 　　　　　V

19 断面積が 5.5 mm²，長さが 900 m の電線の抵抗 R〔Ω〕を求めなさい。ただし，電線の抵抗率 ρ は 1.69 ×10⁻⁸ Ω·m とする。

(答)　$R =$ 　　　　　Ω

20 直径 2 mm，長さ 200 m の軟銅線の抵抗 R〔Ω〕を求めなさい。ただし，軟銅線の抵抗率 ρ は 1.69× 10⁻⁸ Ω·m とする。

(答)　$R =$ 　　　　　Ω

21 断面積が 2 mm² で長さ 20 m の軟銅線 A と，断面積が 8 mm² で長さが 40 m の軟銅線 B がある。B の抵抗 R_B は A の抵抗 R_A の何倍か求めなさい。ただし，軟銅線の温度と抵抗率は同一とする。

(答)　　　　　　倍

22 銀線の抵抗が 20 ℃ で 5 Ω あるという。この銀線が 10 ℃ のときの抵抗 R_{10} を求めなさい。ただし，銀線の 20 ℃ における抵抗の温度係数 α_{20} は 38×10⁻⁴° C⁻¹ とする。

(答)　$R_{10} =$ 　　　　　Ω

1・3 コンデンサに関する問題

23 次の文章の［　　］に適当な語を答えなさい。

(1) 電荷を蓄えるための回路用部品を［ ① ］という。また，①に1V当たり蓄えられる電荷を［ ② ］といい，単位には［ ③ ］（単位記号 F）が用いられる。

(2) コンデンサは［ ④ ］の電流を通し，［ ⑤ ］の電流は通さない。

(3) コンデンサは，電気信号の［ ⑥ ］を除去したり，［ ⑦ ］を取り除く目的で使用されたりする。

(答)　①　　　②　　　③　　　④　　　⑤　　　⑥　　　⑦

1・4 コイル（インダクタ）

24 次の文章の［　　］に適当な語を答えなさい。

(1) 導線を巻いてつくられる回路用部品を［ ① ］という。①がもつ電気的性質を［ ② ］といい，単位には［ ③ ］（単位記号 H）が用いられる。

(2) コイルは［ ④ ］の電流は通ることができる。しかし，［ ⑤ ］の電流は流れにくい。

(3) コイルは，無線回路においては［ ⑥ ］として用いられたり，電源回路では［ ⑦ ］に用いられたりする。

(答)　①　　　②　　　③　　　④　　　⑤　　　⑥　　　⑦

年　　組（　　）氏名＿＿＿＿＿＿＿＿＿＿＿＿＿

2・1　静電気の性質に関する問題

1 真空中に，$+5\times10^{-7}$ C と -8×10^{-7} C の電荷を 2 cm 離して置いたとき，この 2 つの電荷間に働く静電力の大きさ F〔N〕を求めなさい。また，2 つの電荷間には吸引力，反発力のどちらが働くかを答えなさい。

（答）　$F=$　　　　　　N，反発力・吸引力

2 電界中で，電束に垂直な面積が 8 cm² の面を通る電束が 0.4 C であった。このときの電束密度 D〔C/m²〕を求めなさい。

（答）　$D=$　　　　　　C/m²

3 真空中で電界の強さが 12 V/m の場所の電束密度 D〔C/m²〕を求めなさい。

（答）　$D=$　　　　　　C/m²

4 問題3の電界中に，比誘電率 ε_r が 7 の誘電体を置いたとき，電束密度 D_r〔C/m²〕を求めなさい。

（答）　$D_r=$　　　　　　C/m²

5 広い面積をもつ金属板が平行に置かれている。この金属板間に 500 mV の電圧を加えたとき，金属板間の電界の強さは 20 V/m であった。金属板間の距離 l〔cm〕を求めなさい。

（答）　$l=$　　　　　　cm

2・2　静電容量とコンデンサに関する問題

6 図 2・1 において 7.2 V の電圧を加えたら，7.2×10^{-5} C の電気量が蓄えられたという。静電容量 C〔μF〕を求めなさい。

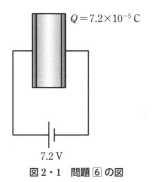

$Q=7.2\times10^{-5}$ C

7.2 V

図 2・1　問題6の図

（答）　$C=$　　　　　　μF

7 空気中に面積が $1\,\mathrm{cm^2}$ の 2 枚の平行導体板がある。この導体板の感覚が $2\,\mathrm{mm}$ であるとき，静電容量 C 〔F〕を求めなさい。

（答）　$C=$ 　　　　　　F

8 問題 7 において，導体板間に比誘電率 ε_r が 3 の紙を入れたとき，静電容量 C_r 〔F〕を求めなさい。

（答）　$C_r=$ 　　　　　　F

9 図 $2\cdot2$ のような平行板コンデンサが空気中にある。このコンデンサの両電極板の面積を半分にし，電極板間に比誘電率 ε_r が 3 の誘電体をはさむと，静電容量は元の何倍になるかを求めなさい。

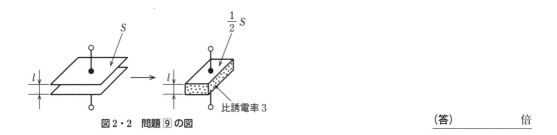

図 $2\cdot2$　問題 9 の図

（答）　　　　　　　倍

10 静電容量が $47\,\mathrm{\mu F}$ のコンデンサを 3 個並列に接続したとき，合成静電容量 C 〔μF〕を求めなさい。

（答）　$C=$ 　　　　　　μF

11 静電容量が $33\,\mathrm{\mu F}$ のコンデンサを 3 個直列に接続したとき，合成静電容量 C 〔μF〕を求めなさい。

（答）　$C=$ 　　　　　　μF

12 図 2・3 の回路において，以下の問いに答えなさい。

(1) 合成静電容量 C〔μF〕を求めなさい。

(2) 静電容量 6 μF のコンデンサの両端の電圧 V_6〔V〕を求めなさい。

(3) 静電容量 4 μF のコンデンサに蓄えられる電荷 Q_4〔μC〕を求めなさい。

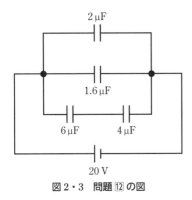

図 2・3 問題 12 の図

(答) (a) $C =$　　　　μF

　　　(b) $V_6 =$　　　　V

　　　(c) $Q_4 =$　　　　μC

13 静電容量がそれぞれ C_1〔F〕，C_2〔F〕および C_3〔F〕の 3 個のコンデンサを図 2・4 のように接続し，直流電圧 V〔V〕を加えたとき，コンデンサ C_2 に蓄えられる電荷 Q_2〔C〕を求めなさい。

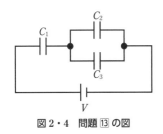

図 2・4 問題 13 の図

(答) $Q_2 =$　　　　〔C〕

14 静電容量 10 μF のコンデンサに，0.8 C の電荷を充電したときのコンデンサの端子電圧 V〔kV〕を求めなさい。また，このときコンデンサに蓄えられる電界のエネルギー W〔kJ〕を求めなさい。

(答) $V =$　　　kV,　$W =$　　　kJ

2・3 絶縁破壊と放電現象に関する問題

15 空気の絶縁破壊の強さを 3 kV/mm として，人の手とドアノブ間で発生する放電のように，3 cm の距離で絶縁破壊を起こすために必要な電圧 V〔V〕はいくらか。

(答)　　　　　　V

3・1 磁界と磁束に関する問題

1　真空中で，$+3.68 \times 10^{-4}$ Wb と $+2.35 \times 10^{-4}$ Wb の点磁極を 10 cm 離して置いたとき，この 2 つの磁極間に働く力の大きさ F〔N〕を求めなさい。また，これらの磁極間に働く力は反発力か吸引力かを答えなさい。

(答)　$F =$ 　　　　　N，反発力・吸引力

2　真空中に，2.65 μWb と 8.37 μWb の点磁極が置かれている。この 2 つの磁極間に働く力の大きさは 3.51×10^{-3} N で反発力が働いていた。これらの磁極間の距離 r〔cm〕を求めなさい。

(答)　$r =$ 　　　　　cm

3　真空中で，5.4×10^{-6} Wb の点磁極から 20 cm 離れた点の磁界の強さ H〔A/m〕を求めなさい。また，この点の磁束密度 B〔T〕を求めなさい。

(答)　$H =$ 　　　　　A/m，$B =$ 　　　　　T

4　空気中で，ある空間の磁界の強さが 15.92 A/m であるとき，その空間の磁束密度 B〔T〕を求めなさい。また，その空間に 0.49 Wb の磁極を置いたとき，その磁極に働く力 F〔N〕を求めなさい。

(答)　$B =$ 　　　　　T，$F =$ 　　　　　N

5　空気中で，$3m$〔Wb〕の磁極から出る磁力線と磁束は何本になるか，それぞれ求めなさい。

(答)　磁力線　　　　　本，磁束　　　　　本

3・2 電流のつくる磁界に関する問題

6　半径 r が 20 cm，巻数 30 回の円形コイルに 10 A の電流を流したとき，コイルの中心に生じる磁界の強さ H〔A/m〕を求めなさい。

(答)　$H =$ 　　　　　A/m

7 半径 r が 5 cm，巻数 100 回の円形コイルに電流を流したとき，コイルの中心に生じる磁界の強さ H は 2 000 A/m であったという。この円形コイルに流れる電流 I〔A〕を求めなさい。

（答）　$I =$ 　　　　　　A

8 真空中におかれた巻数 N の円形コイルに電流 I〔A〕を流したとき，円形コイルの中心に発生する磁束の磁束密度 B〔T〕を表す式を求めなさい。ただし，円形コイルの半径を r〔m〕，真空の透磁率を μ_0〔H/m〕とする。

（答）　$B =$ 　　　　　　〔T〕

9 無限に長い直線導体に 670 mA の電流が流れている。導体から 3 cm 離れた場所の磁界の強さ H〔A/m〕を求めなさい。

（答）　$H =$ 　　　　　　A/m

10 平均の半径 r が 15 cm，巻数 N が 250 回の環状コイルに 0.6 A の電流が流れている。コイルの内部の磁界の強さ H〔A/m〕を求めなさい。また，内部の磁束密度 B〔T〕を求めなさい。

（答）　$H =$ 　　　A/m, $B =$ 　　　T

11 無限長円筒コイルに 800 mA の電流を流したとき，コイル内の磁界の強さ H〔A/m〕を求めなさい。ただし，1 cm 当たりの巻数は 6 回とする。

（答）　$H =$ 　　　　　　A/m

3・3 磁性体と磁気回路に関する問題

12 ある物質の比透磁率 μ_r は 1 000 であるという。この物質の透磁率 μ〔H/m〕を求めなさい。

（答）　$\mu =$ 　　　　　　H/m

13 巻数 N が 1 500 回の環状コイルに 4.5 A の電流を流したとき，起磁力 F_m〔A〕を求めなさい。

（答）　$F_m =$ 　　　　　　A

14 図3・1の回路において，以下の問いに答えなさい。ただし，コイルに流す電流 I は 5 A，コイルの巻数 N は 2 000 回，鉄心の比透磁率 μ_r は 1 500 とする。

(1) 鉄心の磁気抵抗 R_{m1}〔H^{-1}〕とエアギャップの磁気抵抗 R_{m2}〔H^{-1}〕を求めなさい。

(2) 磁気回路を通る磁束 Φ〔Wb〕を求めなさい。

(3) 鉄心内の磁束密度 B〔T〕を求めなさい。

(4) 鉄心内の磁界の強さ H_1〔A/m〕を求めなさい。

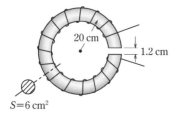

20 cm

1.2 cm

$S = 6$ cm^2

図3・1 問題 14 の図

(答) (1) $R_{m1} =$ 　　　　 H^{-1}, $R_{m2} =$ 　　　　 H^{-1}

(2) $\Phi =$ 　　　　 Wb

(3) $B =$ 　　　　 T

(4) $H_1 =$ 　　　　 A/m

3・4 電磁力に関する問題

15 図3・2のように，磁束密度 1.5 T の平等磁界内に置かれた長さ 20 cm の導体に，B から A の方向に 20 A の電流を流したとき，以下の問いに答えなさい。

(1) 導体に生じる電磁力 F〔N〕を求めなさい。

(2) 導体に生じる電磁力の方向は，　①　の法則より　②　向きである。

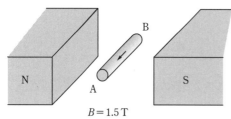

B

N

A

S

$B = 1.5$ T

図3・2 問題 15 の図

(答) (1) $F =$ 　　　　 N

(2) ① 　　　　 ② 　　　　

16 図3・3において，磁束密度 B が 2 T の平等磁界内に置かれたコイルの a の長さが 35 cm，b の長さが 20 cm で，磁界との角度 θ が 30° であったという。このコイルに 7 A の電流を流したとき，コイルに働くトルク T〔N·m〕を求めなさい。

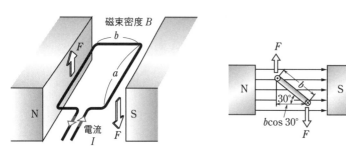

磁束密度 B

b

F

a

N

S

電流 I

F

F

N

30°

b

S

$b\cos 30°$

F

図3・3 問題 16 の図

(答) $T =$ 　　　　 N·m

17 間隔が 10 cm の往復平行導体に，互いに逆向きの電流が 3 A 流れている。この導体 1 m 当たりに働く電磁力 F〔N〕を求めなさい。また，導体に働く電磁力は反発力か吸引力かを答えなさい。

(答)　$F =$ 　　　　　　N，反発力・吸引力

3・5 電磁誘導作用に関する問題

18 巻数 N が 700 回のコイルを貫く磁束が，80 ms の間に 2×10^{-2} Wb から 9×10^{-2} Wb まで変化した。このとき，コイルに生じる誘導起電力 e〔V〕を求めなさい。

(答)　$e =$ 　　　　　　V

19 磁束密度が 0.8 T の磁界中に，磁束の向きと直角に置かれた長さ 25 cm の導体がある。この導体を磁束と直角に 10 m/s の速度で運動させるとき，導体中の誘導起電力 e〔V〕を求めなさい。

(答)　$e =$ 　　　　　　V

20 図 3・4 のように，磁束密度 1.5 T の磁界中に直角に置かれた長さ 10 cm の直線導体がある。この導体が磁界と 30°の方向に 10 m/s の速さで運動するとき，以下の問いに答えなさい。
  (1)　この導体に発生する誘導起電力 e〔V〕を求めなさい。
  (2)　導体に発生する誘導起電力の方向は，フレミングの　①　の法則より　②　向きである。

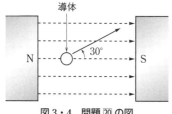
図 3・4　問題 20 の図

(答)　(1)　$e =$ 　　　　　　V
　　　(2)　①　　　　　　②

3・6 自己誘導と自己インダクタンスに関する問題

21 自己インダクタンスが L〔mH〕のコイルにおいて，コイルに流れる電流が 50 ms の間に 10 mA 変化したとき，コイルに 3 mV の誘導起電力が発生した。このコイルの自己インダクタンス L〔mH〕を求めなさい。

(答)　$L =$ 　　　　　　mH

22 巻数 N が 500 回のコイルに 2.5 A の電流を流したら，0.01 Wb の磁束がコイル中を貫いたという。この
コイルの自己インダクタンス L〔H〕を求めなさい。

（答）　$L=$ ＿＿＿＿＿＿＿＿ H

23 断面積 3 cm²，長さ 50 cm の環状鉄心に，コイルを 600 回巻いたときの自己インダクタンス L_r〔mH〕を
求めなさい。ただし，鉄心の比透磁率 μ_r を 1 500 とする。

（答）　$L_r=$ ＿＿＿＿＿＿＿＿ mH

24 環状コイルにおいて，コイルの巻数を 2 倍，磁路の長さを 2 倍にしたとき，自己インダクタンスはもと
の何倍になるかを求めなさい。

（答）　＿＿＿＿＿＿＿＿ 倍

25 断面積 8 cm² の空心の無限長円筒コイルの 1 m 当たりの自己インダクタンス L'〔mH〕を求めなさい。
ただし，10 cm 当たりの巻数は 250 回である。

（答）　$L'=$ ＿＿＿＿＿＿＿＿ mH/m

3・7 相互誘導と相互インダクタンスに関する問題

26 二つのコイル間の相互インダクタンス M が 700 mH のとき，一方のコイルの電流が 0.1 s 間に 500 mA
から 1.5 A に変化したとき，他方のコイルに生じる誘導起電力の大きさ e〔V〕を求めなさい。

（答）　$e=$ ＿＿＿＿＿＿＿＿ V

27 A，B 二つのコイルがあり，A コイルに流れる電流 I〔A〕を 1/1 000 s 間に 40 mA 変化させたとき，B コイルに 0.3 V の誘導起電力が発生した。このとき両コイル間の相互インダクタンスの大きさ M〔mH〕を求めなさい。

（答）　$M =$ 　　　　　mH

28 巻数 N_1 が 1 000 の一次コイルと巻数 N_2 が 800 の二次コイルがある。一次コイルに 4 A の電流を流したら一次コイルに 6×10^{-3} Wb，二次コイルには 4×10^{-3} Wb の磁束が鎖交したという。一次コイルの自己インダクタンス L_1〔H〕および両コイル間の相互インダクタンス M〔H〕を求めなさい。

（答）　$L_1 =$ 　　　　H, $M =$ 　　　　H

29 半径 r が 3 cm，磁路の長さ l が 85 cm，比透磁率 μ_r が 1 000 の環状コイルに，一次コイルを 2 000 回，二次コイルを 1 000 回巻いている。この環状コイルの相互インダクタンス M〔H〕を求めなさい。

（答）　$M =$ 　　　　　H

30 一次，二次コイルの自己インダクタンスが，それぞれ 64 mH，36 mH のとき，両コイル間の相互インダクタンス M〔mH〕を求めなさい。また，同じコイルにおいて結合係数 k が 0.8 のとき，相互インダクタンス M_k〔mH〕を求めなさい。

（答）　$M =$ 　　　mH, $M_k =$ 　　　mH

3・8　インダクタンスの合成とコイル内部に蓄えられるエネルギーに関する問題

31 一次コイルの自己インダクタンス L_1 が 9 mH，二次コイルの自己インダクタンス L_2 が 16 mH で，結合係数が 1 の場合，和動接続および差動接続したときの合成インダクタンス L〔mH〕を求めなさい。

（答）　和動接続　　　mH，差動接続　　　mH

32 10 mH のインダクタンスをもつ回路に 0.3 A の電流が流れているとき，コイル内部の磁界中に蓄えられるエネルギー W〔J〕を求めなさい。

（答）　$W =$ 　　　　　J

4・1 キルヒホッフの法則に関する問題

1 図4・1の回路について，次の各問に答えなさい。

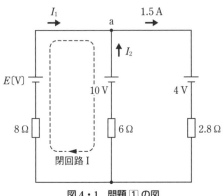

図4・1 問題 1 の図

(1) 接続点aにおいて，キルヒホッフの第一法則にもとづいて式をたてると

となる。

(2) 閉回路 I において，キルヒホッフの第二法則にもとづいて式をたてると

となる。

(3) 電流 I_2 〔A〕を求めよ。

(4) 起電力 E 〔V〕を求めよ。

(答) (1)

(2)

(3) $I_2 =$ 　　　A

(4) $E =$ 　　　V

2 図4・2の回路において，電流 I_1 〔A〕，I_2 〔A〕，I_3 〔A〕を求めなさい。

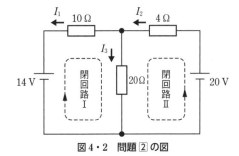

図4・2 問題 2 の図

(答) $I_1 =$ 　　　A

$I_2 =$ 　　　A

$I_3 =$ 　　　A

3 図4・3の回路において，電流 I_1 〔A〕，I_2 〔A〕，I_3 〔A〕を求めなさい。

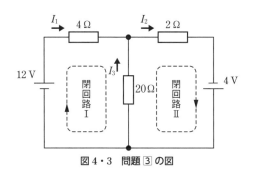

図 4・3　問題 3 の図

(答)　$I_1 =$ 　　　　　A
　　　$I_2 =$ 　　　　　A
　　　$I_3 =$ 　　　　　A

4 図4・4の回路において，電流 I_1 〔A〕，I_2 〔A〕，I_3 〔A〕を求めなさい。

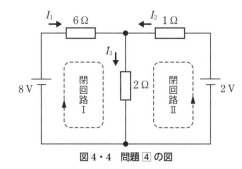

図 4・4　問題 4 の図

(答)　$I_1 =$ 　　　　　A
　　　$I_2 =$ 　　　　　A
　　　$I_3 =$ 　　　　　A

5 図4・5の回路において，各電流 I_1 〔A〕，I_2 〔A〕，I_3 〔A〕をそれぞれ求めなさい。

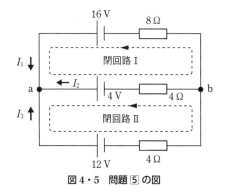

図 4・5　問題 5 の図

(答)　$I_1 =$ 　　　　　A
　　　$I_2 =$ 　　　　　A
　　　$I_3 =$ 　　　　　A

4・2　ブリッジ回路に関する問題

6　図4・6の回路において，スイッチSを閉じたときブリッジが平衡した。このときの未知抵抗 R_x〔Ω〕を求めなさい。

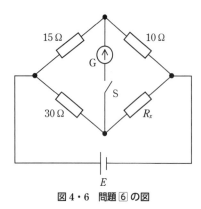

図4・6　問題6の図

（答）　$R_x=$　　　　　Ω

7　図4・7の回路において，スイッチSを閉じたとき，ブリッジが平衡した。このときの未知抵抗 R_x〔Ω〕を求めなさい。

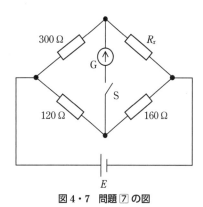

図4・7　問題7の図

（答）　$R_x=$　　　　　Ω

4・3　内部抵抗に関する問題

8　図4・8において，内部抵抗 r が 0.2 Ω，起電力 E が 1.6 Vの電池に 9.8 Ωの負荷抵抗 R が接続されている。このときの電池の端子電圧 V〔V〕を求めなさい。

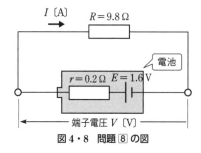

図4・8　問題8の図

（答）　$V=$　　　　　V

9　最大目盛 5 mA，内部抵抗 1 Ω の電流計がある。図 4・9 のように分流器 R_s を接続し，30 mA まで測定したい。分流器の抵抗 R_s〔Ω〕を求めなさい。

図 4・9　問題 9 の図

（答）　$R_s =$ 　　　　　　　Ω

10　最大目盛 10 V，内部抵抗 3 kΩ の電圧計がある。図 4・10 のように直列抵抗器（倍率器）R_m を接続し，300 V まで測定したい。直列抵抗器の抵抗 R_m〔kΩ〕を求めなさい。

図 4・10　問題 10 の図

（答）　$R_m =$ 　　　　　　　kΩ

4·5　電流の働きに関する問題

11　内部抵抗 3 Ω，最大目盛 10 mA の電流計を電圧計として使用したとき，何〔mV〕まで測定できるかを求めなさい。また，この電流計に 27 Ω の直列抵抗器 R_m を接続すると何〔mV〕まで測定できるようになるかを求めなさい。

（答）　　　　　　　mV，　　　　　　　mV

12　60 Ω の抵抗に 1.5 A の電流を 4 分間流した。このとき発生する熱量 Q〔kJ〕を求めなさい。

（答）　$Q =$ 　　　　　　　kJ

13　電線の接続不良により，接続点の接続抵抗が 0.5 Ω となった。この電線に 10 A の電流が流れると，接続点から 1 時間に発生する熱量 Q〔kJ〕を求めなさい。

（答）　$Q =$ 　　　　　　　kJ

14 図 4・11 の回路において，スイッチ S を閉じているとき，8 Ω の抵抗の消費電力 P 〔W〕を求めなさい。

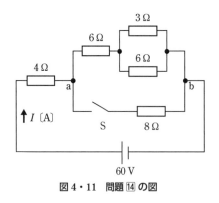

図 4・11　問題 14 の図

(答)　$P=$ 　　　　　W

15 電圧 100 V，電力 2 kW の電熱器を 2.5 時間使用した。以下の問に答えなさい。
 (1)　電熱器の抵抗 R 〔Ω〕を求めなさい。
 (2)　このとき流れる電流 I 〔A〕を求めなさい。
 (3)　使用した電力量 W_p 〔kW·h〕を求めなさい。
 (4)　発熱した熱量 Q 〔J〕を求めなさい。

(答)　(1)　$R=$ 　　　　　Ω
　　　(2)　$I=$ 　　　　　A
　　　(3)　$W_p=$ 　　　　　kW·h
　　　(4)　$Q=$ 　　　　　J

16 電気ストーブに 100 V の電圧を加えたら，8 A の電流が流れた。この電気ストーブを 3 時間使用したとき，以下の問いに答えなさい。
 (1)　この電気ストーブの電力 P 〔W〕を求めなさい。
 (2)　抵抗 R 〔Ω〕を求めなさい。
 (3)　発生した熱量 Q 〔J〕を求めなさい。
 (4)　電力量 W_p 〔kW·h〕を求めなさい。

(答)　(1)　$P=$ 　　　　　W
　　　(2)　$R=$ 　　　　　Ω
　　　(3)　$Q=$ 　　　　　J
　　　(4)　$W_p=$ 　　　　　kW·h

17 1.6 kW の電熱器について，以下の問いに答えなさい。

(1) この電熱器に 200 V の電圧を加えたとき，流れる電流 I〔A〕を求めなさい。

(2) この電熱器の抵抗 R〔Ω〕を求めなさい。

(3) この電熱器を 4 時間使用したときの熱量 Q〔MJ〕を求めなさい。

(4) この電熱器を用いて，20℃ の水 2 000 cm³ を 85℃ にするには何〔min〕かかるか。秒は，30 秒未満は切り捨て，30 秒以上は繰り上げること。ただし，電熱器の発熱量の 40 ％ が水を温めるのに使われるものとする。

(答) (1) $I=$ ____ A
(2) $R=$ ____ Ω
(3) $Q=$ ____ MJ
(4) $t=$ ____ min

4・6 電気の各種作用に関する問題

18 次の ____ の中に，適当な語句を記入しなさい。

(a) 異なる二種類の金属導体を接続して，一方の接続点を加熱して接続点に温度差をつけると，そこに起電力が発生する。この現象を ① 効果という。

また，発生した起電力を ② ，流れる電流を ③ という。

(b) 異なる二種類の金属を接続して電流を流すと，一方の接続点では発熱し，他方では吸熱が起こる。この現象を ④ 効果という。

(答) ① ____ ② ____ ③ ____ ④ ____

19 次の ____ の中に適当な語句を記入しなさい。

一度放電したら再び電池としての性能を回復しない電池を ① 電池という。

また，一度放電しても充電することによって電池としての性能を回復する電池を ② 電池という。

(答) ① ____ ② ____

年　　組(　　)　氏名＿＿＿＿＿＿＿＿＿＿＿＿＿＿

5・1　交流の波形に関する問題

1 図5・1は交流波形を示したものである。交流についての文章の ☐ に適当な語を答えなさい。

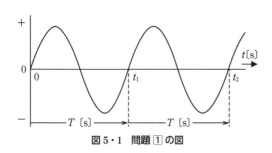

図5・1　問題1の図

(1)　時間の経過にともなって，大きさと向きが ① に変化する電流や電圧を交流という。また，交流の波形が正弦曲線であるものは ② と呼ばれる。

(2)　$0 \sim t_1$（または $t_1 \sim t_2$）に要する時間を ③ という。また，1 s あたりに繰り返される周期の数を ④ といい，単位には ⑤ （単位記号 Hz）を用いる。

(答)　①　　　　②　　　　③　　　　④　　　　⑤

2 次の交流波形の名称を答えなさい。

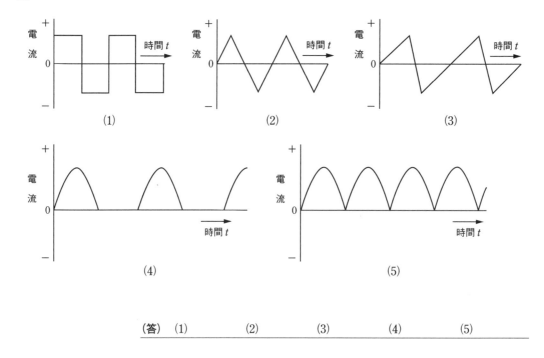

(答)　(1)　　　　(2)　　　　(3)　　　　(4)　　　　(5)

3 図5・2の正弦波交流の周期 T と周波数 f を求めなさい。

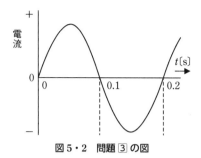

図5・2 問題3の図

(答) $T=$ ⎯⎯⎯⎯⎯ s, $f=$ ⎯⎯⎯⎯⎯ Hz

4 交流の周波数 f が次の値のとき，周期 T はいくらになるか。

(1) 100 Hz　　(2) 10 kHz　　(3) 10 MHz　　(4) 2.5 GHz

(答)　(1)　$T=$ ⎯⎯⎯⎯⎯ s
　　　(2)　$T=$ ⎯⎯⎯⎯⎯ ms
　　　(3)　$T=$ ⎯⎯⎯⎯⎯ μs
　　　(4)　$T=$ ⎯⎯⎯⎯⎯ ns

5 交流の周期 T が次の値のとき，周波数 f はいくらになるか。

(1) 0.1 s　　(2) 10 ms　　(3) 0.5 μs　　(4) 20 ns

(答)　(1)　$f=$ ⎯⎯⎯⎯⎯ Hz
　　　(2)　$f=$ ⎯⎯⎯⎯⎯ Hz
　　　(3)　$f=$ ⎯⎯⎯⎯⎯ MHz
　　　(4)　$f=$ ⎯⎯⎯⎯⎯ MHz

5・2 正弦波交流の表し方に関する問題

6 次の文章の ⎯⎯⎯⎯ に適当な語を答えなさい。

(1) 角度をラジアン (rad) で表すことを ① といい，度，分，秒で表すことを ② という。1 rad とは， ③ の長さが半径と等しいときになす角で定義される。

(2) 単位時間（1 s）当たりに変化する角度を ④ または ⑤ という。

(3) 正弦波交流の各時刻の大きさを ⑥ と呼ぶ。⑥ の取りうる最大の値は ⑦ と呼ばれる。また，瞬時値のとる最大値と最小値の差を ⑧ といい，その半分の値を ⑨ という。

(4) 正弦波交流の半周期の波形と横軸とで囲まれた面積を π で除算したものを ⑩ という。

(5) 交流電流の大きさをそれと同じ仕事をする直流電流の大きさに置き換えて表したものを ⑪ という。

(6) 正弦波交流を $i=\sqrt{2}\,I\sin(\omega t+\theta)$ のように表すとき，$(\omega t+\theta)$ を ⑫ といい，θ は ⑬ という。また，二つの交流の ⑬ の差を求めたものを ⑭ という。

(答)　① ⎯⎯⎯　② ⎯⎯⎯　③ ⎯⎯⎯　④ ⎯⎯⎯　⑤ ⎯⎯⎯　⑥ ⎯⎯⎯　⑦ ⎯⎯⎯
　　　⑧ ⎯⎯⎯　⑨ ⎯⎯⎯　⑩ ⎯⎯⎯　⑪ ⎯⎯⎯　⑫ ⎯⎯⎯　⑬ ⎯⎯⎯　⑭ ⎯⎯⎯

7 次の角度について，〔rad〕は〔°〕に，〔°〕は〔rad〕に変換しなさい。

(1) $\dfrac{\pi}{3}$ rad　　(2) $\dfrac{\pi}{5}$ rad　　(3) $\dfrac{7\pi}{12}$ rad　　(4) 3π rad

(5) $360°$　　(6) $20°$　　(7) $120°$　　(8) $270°$

（答）
(1)		°
(2)		°
(3)		°
(4)		°
(5)		rad
(6)		rad
(7)		rad
(8)		rad

8 最大値が $I_m = 10$ A，周波数が 50 Hz の正弦波交流電流の瞬時値 i を求めなさい。

（答）　$i=$ 　　　　〔A〕

9 図 5・3 に示す正弦波交流電圧波形について答えなさい。

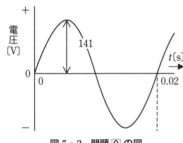

図 5・3　問題 **9** の図

(1) 最大値 E_m を求めなさい。
(2) 実効値 E を求めなさい。
(3) 周期 T を求めなさい。
(4) 周波数 f を求めなさい。
(5) 角周波数 ω を求めなさい。
(6) 瞬時値 e の式を書きなさい。
(7) $t = 2.5$ ms のときの瞬時値 e を求めなさい。

（答）
(1)	$E_m=$	V
(2)	$E=$	V
(3)	$T=$	s
(4)	$f=$	Hz
(5)	$\omega=$	rad/s
(6)	$e=$	〔V〕
(7)	$e=$	V

10 最大値 I_m が次の値のとき，正弦波交流電流の平均値 I_a をもとめなさい。

(1) 10 A　　(2) 25 A　　(3) π A

（答）
(1)	$I_a=$	A
(2)	$I_a=$	A
(3)	$I_a=$	A

11　最大値 V_m が次の値のとき，正弦波交流電圧の実効値 V をもとめなさい。

(1)　10 V　　　(2)　25 V　　　(3)　$100\sqrt{2}$ V

(答)　(1)　$V=$　　　　V

　　　(2)　$V=$　　　　V

　　　(3)　$V=$　　　　V

12　次の二つの交流の最大値，実効値，周波数を求めなさい。また，(1) に対する (2) の位相差 θ を求めなさい。

(1)　$100\sqrt{2}\,\sin\left(120\,\pi t-\dfrac{\pi}{4}\right)$ 〔V〕

(2)　$50\,\sin\left(120\,\pi t+\dfrac{\pi}{3}\right)$ 〔V〕

(答)　(1)　最大値　　　　V, 実効値　　　　V, 周波数　　　　Hz

　　　(2)　最大値　　　　V, 実効値　　　　V, 周波数　　　　Hz

　　　(1) に対する (2) の位相差　　　　rad, (遅れて・進んで) いる

13　次の各問に答えなさい。

(1)　正弦波交流電圧の式が $v=141.4\sin 100\pi t$ 〔V〕で表せるとき，実効値と周波数はいくらか。

(2)　図 5・4 において，電圧 v と電流 i の位相差はいくらか。また，電圧 v に対して電流 i の位相は進んでいるか，それとも遅れているか。

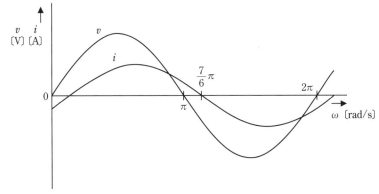

図 5・4　問題 13 の図

(答)　(1)　実効値　　　　V, 周波数　　　　Hz

　　　(2)　位相差　　　　rad, (遅れて・進んで) いる

14　次の電圧 e に対する電流 i の位相差を求めなさい。

$$e=\sqrt{2}\,E\,\sin\left(\omega t+\dfrac{\pi}{4}\right)\text{〔V〕}\qquad i=\sqrt{2}\,I\,\cos\left(\omega t+\dfrac{\pi}{6}\right)\text{〔A〕}$$

〔ヒント〕sin 波と cos 波では，cos 波の方が $\dfrac{\pi}{2}$ rad 位相が進んでいる。

(答)　i は e よりも　　　　rad 位相が (遅れて・進んで) いる

6章 交流回路の電流・電圧・電力

年　　組（　　）氏名 _____

6・1　交流のベクトル表示に関する問題

$\boxed{1}$　次の文章の $\boxed{}$ に適当な語を答えなさい。

(1)　長さや温度などのように，大きさだけで表される量を $\boxed{①}$ という。これに対し，力や速度のように大きさと向きを同時に考えて表される量を $\boxed{②}$ という。

(2)　x 軸と y 軸を直交するようにとり，ベクトル $\dot{A}$ を x と y の座標で表すことを $\boxed{③}$ という。x 成分を a，y 成分を b とすると，ベクトル $\dot{A}$ を表す式は $\dot{A}=\boxed{④}$ のようになる。

(3)　定点 O を始点とする半直線 l を基準として，同じ O を始点とするベクトル $\dot{A}$ の大きさ A と半直線 l とのなす角 θ によってベクトルを表すことを $\boxed{⑤}$ という。このベクトル $\dot{A}$ を式で表すと，$\dot{A}=\boxed{⑥}$ のようになる。ここで，θ は $\boxed{⑦}$ と呼ばれる。

(答)　①　　　　②　　　　③　　　　④　　　　⑤　　　　⑥　　　　⑦

$\boxed{2}$　次のベクトルを直交座標表示および極座標表示で表しなさい。

(1)　x 成分が 1，y 成分が 1 のベクトル

(2)　x 成分が $\sqrt{3}$，y 成分が 1 のベクトル

(答)　(1)　直交座標表示　　　　　，極座標表示

　　　(2)　直交座標表示　　　　　，極座標表示

$\boxed{3}$　ベクトル $\dot{A}=(8,3)$ と $\dot{B}=(4,2)$ について次の計算をしなさい。

(1)　$\dot{A}+\dot{B}$　　　(2)　$\dot{A}-\dot{B}$　　　(3)　$3\dot{A}$　　　(4)　$2\dot{A}-4\dot{B}$

(答)　(1)　　　　(2)　　　　(3)　　　　(4)

$\boxed{4}$　図 6・1 に示す正弦波交流をベクトルの極座標表示で表しなさい。ただし，ベクトルは静止ベクトルで大きさは実効値で表すものとする。

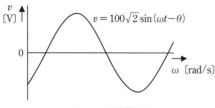

$v=100\sqrt{2}\sin(\omega t-\theta)$

図 6・1　問題 $\boxed{4}$ の図

(答)　$\dot{V}=$ _____

5 正弦波交流電圧 $v = 100\sqrt{2}\,\sin\left(\omega t + \dfrac{\pi}{6}\right)$ 〔V〕について，実効値を用いた極座標表示で表し，ベクトル図を書きなさい。

(答)　$\dot{V} =$ _____ ，ベクトル図

6 次の正弦波交流をそれぞれベクトル図で表しなさい。

(1)　$e_1 = 15\sqrt{2}\,\sin\left(\omega t + \dfrac{5\pi}{6}\right)$

(2)　$e_2 = 10\sqrt{2}\,\sin\left(\omega t - \dfrac{\pi}{3}\right)$

(3)　$e_3 = 15\sqrt{2}\,\sin\left(\omega t + \dfrac{\pi}{4}\right)$

(4)　$e_4 = 10\sqrt{2}\,\sin\left(\omega t + \pi\right)$

(答)　(1) _____　(2) _____

(3) _____　(4) _____

7 次の文章の □ に適当な語を答えなさい。

(1) 抵抗のみの回路では，交流の位相に変化が起こらず電圧 v と電流 i は ① となる。

(2) 自己インダクタンス L のみの交流回路では，電圧 v より ② rad だけ位相の ③ 電流 i が流れる。

(3) 自己コンダクタンスを L，交流の角周波数を ω としたとき，ωL を ④ と呼び，単位には ⑤ （単位記号 Ω）を用いる。

(4) 静電容量 C だけの交流回路では，電圧 v より ⑥ rad だけ位相の ⑦ 電流 i が流れる。

(5) 静電容量を C，交流の角周波数を ω としたとき，$\dfrac{1}{\omega C}$ を ⑧ と呼び，単位には ⑨ （単位記号 Ω）を用いる。

(答) ① ___ ② ___ ③ ___ ④ ___ ⑤ ___

⑥ ___ ⑦ ___ ⑧ ___ ⑨ ___

8 図6・2の回路について，各問に答えなさい。

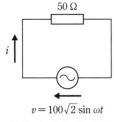

(1) 電源電圧の実効値 V〔V〕を求めなさい。

(2) 電流の実効値 I〔A〕を求めなさい。

(3) 電流の瞬時値 i〔A〕の式を書きなさい。

$50\,\Omega$

i

$v = 100\sqrt{2}\sin\omega t$

図6・2 問題8の図　　(答) (1) $V=$ ___ V (2) $I=$ ___ A (3) $i=$ ___ 〔A〕

9 図6・3の回路について，各問に答えなさい。

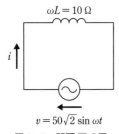

(1) 電源電圧の実効値 V〔V〕を求めなさい。

(2) 電流の実効値 I〔A〕を求めなさい。

(3) 電流の瞬時値 i〔A〕の式を書きなさい。

$\omega L = 10\,\Omega$

i

$v = 50\sqrt{2}\sin\omega t$

図6・3 問題9の図　　(答) (1) $V=$ ___ V (2) $I=$ ___ A (3) $i=$ ___ 〔A〕

10 自己インダクタンス 0.2 H のコイルに交流電圧 $v = 50\sqrt{2}\,\sin 120\pi t$〔V〕を加えたときの誘導性リアクタンス X_L〔Ω〕と流れる電流 I〔A〕を求めなさい。

(答) (1) $X_L=$ ___ Ω (2) $I=$ ___ A

11 周波数 f が 50 Hz のとき，誘導性リアクタンス X_L が 10 Ω となった。周波数 f が 60 Hz に変化したとき X_L はいくらになるか。

(答) $X_L =$ _____ Ω

12 自己インダクタンス 10 mH のコイルに実効値が $V = 10$ V の正弦波交流電圧を加えたとき，$I = 100$ mA の電流が流れた。このときの電源の周波数 f 〔kHz〕を求めなさい。

(答) $f =$ _____ kHz

13 図 6・4 の回路について，各問に答えなさい。

(1) 電源電圧の実効値 V 〔V〕を求めなさい。
(2) 電流の実効値 I 〔A〕を求めなさい。
(3) 電流の瞬時値 i 〔A〕の式を書きなさい。

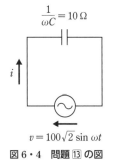

$\dfrac{1}{\omega C} = 10$ Ω

$v = 100\sqrt{2}\sin\omega t$

図 6・4　問題 13 の図

(答) (1) $V =$ _____ V (2) $I =$ _____ A (3) $i =$ _____ 〔A〕

14 静電容量 $C = 100$ μF のコンデンサに，交流電圧 $v = 100\sqrt{2}\,\sin 100\pi t$ 〔V〕を加えたときの容量性リアクタンス X_c 〔Ω〕と，流れる電流 I 〔A〕を求めなさい。

(答) $X_c =$ _____ Ω, $I =$ _____ A

15 周波数が 50 Hz のとき，12 Ω の容量性リアクタンスがある。周波数が 60 Hz のときの誘導性リアクタンスを求めなさい。

(答) _____ Ω

16 静電容量 10 μF のコンデンサに実効値が $V = 10$ V の正弦波電圧を加えたとき，$I = 100$ mA の電流が流れた。このときの電源の周波数 f 〔Hz〕を求めなさい。

(答) $f =$ _____ Hz

17 次の文章の ☐ に適当な語を答えなさい。

(1) 交流回路において，電圧 V を電流 I で割った値を ① といい，量記号 Z で表して単位には ② （単位記号 Ω）を用いる。

(2) 電圧に対して電流の位相が遅れる性質を ③ という。反対に，電圧に対して電流の位相が進む性質を ④ という。また，この位相差は ⑤ という。

(3) インピーダンス，抵抗，リアクタンスで作る直角三角形を ⑥ という。

（答） ① ② ③ ④ ⑤ ⑥

18 図 6·5 の RL 直列回路において，実効値が $V = 100\,\mathrm{V}$ の正弦波交流電圧 $\dot{V}$ を加えたとする。次の各問に答えなさい。

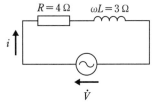

図 6·5 問題 **18** の図

(1) インピーダンス Z〔Ω〕を求めなさい。

(2) インピーダンス角 θ〔rad〕を求めなさい。

(3) 回路に流れる電流 $\dot{i}$ の実効値 I〔A〕を求めなさい。

(4) 抵抗 R にかかる電圧 V_R〔V〕および誘導性リアクタンス ω_L にかかる V_L〔V〕を求めなさい。

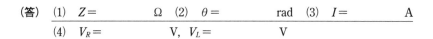

（答） (1) $Z =$ Ω (2) $\theta =$ rad (3) $I =$ A

(4) $V_R =$ V, $V_L =$ V

19 図 6·6 の RC 直列回路において，実効値が $V = 100\,\mathrm{V}$ の正弦波交流電圧 $\dot{V}$ を加えたとする。次の各問に答えなさい。

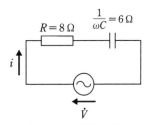

図 6·6 問題 **19** の図

(1) インピーダンス Z〔Ω〕を求めなさい。

(2) インピーダンス角 θ〔rad〕を求めなさい。

(3) 回路に流れる電流 $\dot{i}$ の実効値 I〔A〕を求めなさい。

(4) 抵抗 R にかかる電圧 V_R〔V〕および容量性リアクタンス $\dfrac{1}{\omega C}$ にかかる V_C を求めなさい。

（答） (1) $Z =$ Ω (2) $\theta =$ rad (3) $I =$ A

(4) $V_R =$ V, $V_C =$ V

20 図6・7のRLC直列回路において，$R = 17.3\,\Omega$，$L = 3.18\,\text{mH}$，$C = 15.9\,\mu\text{F}$とする。正弦波交流電圧$\dot{V}$の実効値が$V = 10\,\text{V}$，周波数が$f = 1\,\text{kHz}$のとき，次の各問に答えなさい。

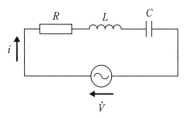

図6・7 問題20の図

(1) Lがもつ誘導性リアクタンスX_L〔Ω〕，およびCがもつ容量性リアクタンスX_C〔Ω〕を求めなさい。

(2) インピーダンスZ〔Ω〕を求めなさい。

(3) インピーダンス角θ〔rad〕を求めなさい。

(4) 回路に流れる電流$\dot{i}$の実効値I〔A〕を求めなさい。

(5) R，L，Cにかかるにかかる電圧をそれぞれV_R〔V〕，V_L〔V〕，V_C〔V〕として計算によって求めなさい。

(6) この回路は誘導性と容量性のどちらか答えなさい。

(答) (1) $X_L =$ 　　　　Ω, $X_C =$ 　　　　Ω (2) $Z =$ 　　　　Ω

(3) $\theta =$ 　　　　rad (4) $I =$ 　　　　A

(5) $V_R =$ 　　　　V, $V_L =$ 　　　　V, $V_C =$ 　　　　V

(6) 　　　　　　　　

6・4 並列回路に関する問題

21 図6・8のRL並列回路において正弦波交流電圧$\dot{V}$の実効値$V = 10\,\text{V}$のとき，次の各問に答えなさい。

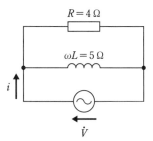

(1) インピーダンスZ〔Ω〕を求めなさい。

(2) インピーダンス角θ〔rad〕を求めなさい。

(3) 回路に流れる電流$\dot{i}$の実効値I〔A〕を求めなさい。

(4) 抵抗Rと誘導性リアクタンスωLに流れる電流をそれぞれI_R〔A〕，I_L〔A〕として求めなさい。

図6・8 問題21の図

(答) (1) $Z =$ 　　　　Ω (2) $\theta =$ 　　　　rad (3) $I =$ 　　　　A

(4) $I_R =$ 　　　　A, $I_L =$ 　　　　A

22 図6・9の RC 並列回路において正弦波交流電圧 $\dot{V}$ の実効値 $V = 10\,\mathrm{V}$ のとき，次の各問に答えなさい。

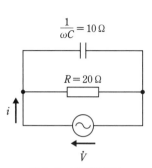

図6・9 問題 22 の図

(1) インピーダンス Z〔Ω〕を求めなさい。

(2) インピーダンス角 θ〔rad〕を求めなさい。

(3) 回路に流れる電流 $\dot{i}$ の実効値 I〔A〕を求めなさい。

(4) 抵抗 R と誘導性リアクタンス ω_L に流れる電流をそれぞれ I_R，I_L として求めなさい。

(答) (1) $Z =$　　　　　Ω　(2) $\theta =$　　　　　rad　(3) $I =$　　　　　A

(4) $I_R =$　　　　　A,　$I_L =$　　　　　A

23 図6・10の RLC 並列回路において正弦波交流電圧 $\dot{V}$ の実効値 $V = 60\,\mathrm{V}$，周波数 $f = 1\,000/\pi$ のとき，次の各問に答えなさい。

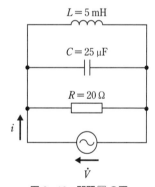

図6・10 問題 23 の図

(1) L がもつ誘導性リアクタンス X_L，および C がもつ容量性リアクタンス X_C を求めなさい。

(2) インピーダンス Z を求めなさい。

(3) インピーダンス角 θ を求めなさい。

(4) 回路に流れる電流 $\dot{i}$ の実効値 I を求めなさい。

(5) R, L, C に流れる電流をそれぞれ I_R, I_L, I_C として計算によって求めなさい。

(6) この回路は誘導性と容量性のどちらか答えなさい。

(答) (1) $X_L =$　　　　　Ω,　$X_C =$　　　　　Ω

(2) $Z =$　　　　　Ω　(3) $\theta =$　　　　　rad　(4) $I =$　　　　　A

(5) $I_R =$　　　　　A,　$I_L =$　　　　　A,　$I_C =$　　　　　A

(6)

6·5 交流回路の電力に関する問題

24 次の文章の ▢ に適当な語を答えなさい。

(1) ▢①▢ は瞬時電力の 1 周期の平均値として求められる。

(2) 電圧の実効値を V，電流の実効値を I，電圧と電流の位相差を θ としたとき，交流電力 P は次の式で表される。

$$P = \boxed{②}$$

(3) 電圧と電流の実効値の積 VI を ▢③▢ といい，その単位には ▢④▢（単位記号 V·A）を用いる。

(4) 負荷における実際の消費電力 P は皮相電力 S と $P = S\cos\theta$ の関係がある。ここで，$\cos\theta$ は ▢⑤▢ と呼ばれる。

(5) $Q = S\sin\theta$ で表される電力は ▢⑥▢ といい，その単位には ▢⑦▢（単位記号 var）を用いる。ここで，$\sin\theta$ は ▢⑧▢ と呼ばれる。

(答) ①＿＿＿＿ ②＿＿＿＿ ③＿＿＿＿ ④＿＿＿＿

⑤＿＿＿＿ ⑥＿＿＿＿ ⑦＿＿＿＿ ⑧＿＿＿＿

25 図 6·11 に示す交流回路において，抵抗 R の消費電力 P〔W〕はいくらになるか。

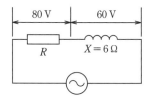

図 6·11　問題 **25** の図

(答)　$P =$ ＿＿＿＿ W

26 図 6·12 に示す交流回路において，抵抗 R の消費電力 P はいくらになるか。

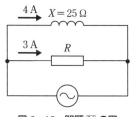

図 6·12　問題 **26** の図

(答)　$P =$ ＿＿＿＿ W

27 電圧 100 V，消費電力 40 W の蛍光灯が 6 個並列に接続されている。電源電圧を 100 V として，回路全体に流れる電流 I の値を求めなさい。ただし，回路の力率を 60 ％ とする。

(答)　$I =$ ＿＿＿＿ A

28 図 6・13 の回路について，各問に答えなさい。

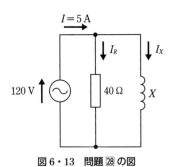

図 6・13　問題 28 の図

(1) 抵抗およびリアクタンス X に流れる電流 I_R 〔A〕と I_X 〔A〕を求めなさい。

(2) リアクタンス X 〔Ω〕を求めなさい。

(3) 回路の力率 $\cos\theta$ を求めなさい。

(4) 回路の消費電力 P 〔W〕を求めなさい。

（答）　(1)　$I_R =$ 　　　　　　　　　A,　$I_X =$ 　　　　　　　　A

　　　　(2)　$X =$ 　　　　　　　　Ω

　　　　(3)　　　　　　　　　　(4)　$P =$ 　　　　　　　W

29 図 6・14 の回路において，回路の消費電力 P は 600 W であった。各問に答えなさい。

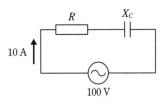

図 6・14　問題 29 の図

(1) 皮相電力 S 〔V·A〕を求めなさい。

(2) 無効電力 Q 〔var〕を求めなさい。

(3) 力率 $\cos\theta$ を求めなさい。

(4) 抵抗 R 〔Ω〕を求めなさい。

(5) リアクタンス X_C 〔Ω〕を求めなさい。

（答）　(1)　$S =$ 　　　　　　　V·A　(2)　$Q =$ 　　　　　　var

　　　　(3)　　　　　　　　　　(4)　$R =$ 　　　　　　Ω

　　　　(5)　$X_C =$ 　　　　　　　Ω

7章 記号法

年　組（　）氏名＿＿＿＿＿＿＿＿＿＿

7・1　記号法に関する問題

1　次の文の　　　　に適当な語句を入れなさい。

(1)　虚数単位　①　$=\sqrt{-1}$ を用いて $\dot{A}=a+jb$ のように表したものを　②　という。

(2)　複素数 $\dot{A}=a+jb$ の絶対値は $A=$　③　，偏角は $\theta=\tan^{-1}$　④　である。

(3)　複素数 $\dot{A}=a+jb$ に対し，$\dot{B}=a-jb$ を　⑤　複素数といい，$\dot{A}$ と $\dot{B}$ の積は実数となる。

(4)　複素数は，x 軸を実数，y 軸を虚数とした　⑥　平面で表すことができる。

(5)　複素数と　⑦　は 1 対 1 に対応するので，同等に扱うことができる。

（答）　①　　　　②　　　　③　　　　④　　　　⑤　　　　⑥　　　　⑦

2　二つの複素数 $\dot{A}=8-j6$，$\dot{B}=3+j4$ の和，差，積，商およびそれぞれの絶対値を求めなさい。

（答）　和 $\dot{A}+\dot{B}=$ ＿＿＿＿＿＿　　　絶対値 ＿＿＿＿＿＿

差 $\dot{A}-\dot{B}=$ ＿＿＿＿＿＿　　　絶対値 ＿＿＿＿＿＿

積 $\dot{A}\times\dot{B}=$ ＿＿＿＿＿＿　　　絶対値 ＿＿＿＿＿＿

商 $\dfrac{\dot{A}}{\dot{B}}=$ ＿＿＿＿＿＿　　　絶対値 ＿＿＿＿＿＿

3　複素数 $\dot{Z}=\sqrt{3}+j$ を極形式で表しなさい。ただし，角度の単位については〔rad〕と〔°〕で表すこと。

（答）　$\dot{Z}$ の絶対値　$Z=$ ＿＿＿＿＿＿

偏角　$\theta=$ ＿＿＿＿＿＿

$\dot{Z}=$ ＿＿＿＿＿＿

4　次の複素数の絶対値と偏角〔rad〕を求め，絶対値∠偏角で表す極座標表示としなさい。

(1)　$6+j8$　　(2)　$2-j4$　　(3)　$2+j2\sqrt{2}$　　(4)　$6+j3$　　(5)　$-j3$

（答）　(1)　絶対値 ＝ ＿＿＿＿＿＿　　　　(4)　絶対値 ＝ ＿＿＿＿＿＿

偏角 ＝ ＿＿＿＿＿ rad　　　　　　偏角 ＝ ＿＿＿＿＿ rad

極座標表示 ＝ ＿＿＿＿＿　　　　　極座標表示 ＝ ＿＿＿＿＿

(2)　絶対値 ＝ ＿＿＿＿＿＿　　　　(5)　絶対値 ＝ ＿＿＿＿＿＿

偏角 ＝ ＿＿＿＿＿ rad　　　　　　偏角 ＝ ＿＿＿＿＿ rad

極座標表示 ＝ ＿＿＿＿＿　　　　　極座標表示 ＝ ＿＿＿＿＿

(3)　絶対値 ＝ ＿＿＿＿＿＿

偏角 ＝ ＿＿＿＿＿ rad

極座標表示 ＝ ＿＿＿＿＿

5 複素数 $\dot{Z}=3+j4$ を極座標表示で表しなさい。ただし角度の単位は〔°〕とする。

（答）_____

6 次の電圧と電流を $A\angle\theta$ の形式と $a+jb$ の形式で表しなさい。ただし，大きさは実効値とする。

(1)　$e=100\sqrt{2}\sin\left(\omega t-\dfrac{\pi}{4}\right)$

(2)　$i=10\sqrt{2}\sin\left(\omega t+\dfrac{\pi}{3}\right)$

（答）　(1)　$A\angle\theta$ の形式 _____　,　$a+jb$ の形式 _____
　　　　(2)　$A\angle\theta$ の形式 _____　,　$a+jb$ の形式 _____

7・2　R のみの回路に関する問題

7 50 Ω の抵抗 R に実効値が 100 V の正弦波電圧 V を加えたとき，流れる電流の実効値 I〔A〕を求めよ。

（答）　$I=$ _____ A

8 10 kΩ の抵抗 R に実効値が 40 mA の電流 I を流すために加える正弦波交流電圧の実効値 V〔V〕を求めよ。

（答）　$V=$ _____ V

7・3　L のみの回路に関する問題

9 自己インダクタンス 1.5 H のコイルに 100 V，50 Hz の正弦波交流電圧を加えたとき，以下の問に答えなさい。
(1)　誘導性リアクタンス X_L〔Ω〕を求めなさい。
(2)　インピーダンス $\dot{Z}$〔Ω〕を記号法により求めなさい。
(3)　電流 $\dot{I}$〔A〕を記号法により求めなさい。

（答）　(1)　$X_L=$ _____ Ω　(2)　$\dot{Z}=$ _____ Ω　(3)　$\dot{I}=$ _____ A

7・4　C のみの回路に関する計算

10 静電容量 30 μF のコンデンサに 100 V，50 Hz の正弦波交流電圧を加えたとき，以下の問に答えなさい。
(1)　容量性リアクタンス X_c〔Ω〕を求めなさい。
(2)　インピーダンス $\dot{Z}$〔Ω〕を記号法により求めなさい。
(3)　電流 $\dot{I}$〔A〕を記号法により求めなさい。

（答）　(1)　$X_c=$ _____ Ω　(2)　$\dot{Z}=$ _____ Ω　(3)　$\dot{I}=$ _____ A

7・5 RL 直列回路に関する問題

[11] 次の文の ☐ に適当な語句または式を入れなさい。

図 7・1 の回路にある端子電圧 $\dot{V}_R$, $\dot{V}_L$ 〔V〕はそれぞれ

$$\dot{V}_R = \boxed{①} \ \text{〔V〕}$$

$$\dot{V}_L = \boxed{②} \ \text{〔V〕}$$

であり，合成電圧は $\dot{V} = \dot{V}_R + \dot{V}_L = (R + \omega L)\dot{I}$ となる。回路のインピーダンス $\dot{Z}$ 〔Ω〕と，その大きさ Z 〔Ω〕は，

$$\dot{Z} = \frac{\dot{V}}{\dot{I}} = \boxed{③} \ \text{〔Ω〕}$$

$$Z = \boxed{④} \ \text{〔Ω〕}$$

となる。

電流 $\dot{I}$ 〔A〕の実効値 I 〔A〕，位相角 θ 〔rad〕は次の式から求められる。

$$I = \frac{V}{Z} = \boxed{⑤} \ \text{〔A〕}$$

$$\theta = -\tan^{-1} \boxed{⑥} \ \text{〔rad〕}$$

$\theta < 0$ であるため，電圧 $\dot{V}$ 〔V〕より位相の $\boxed{⑦}$ 電流 $\dot{I}$ 〔A〕が流れる。

こうした回路の性質を $\boxed{⑧}$ という。

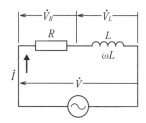

図 7・1 問題 [11] の図

(答)
①	②	③	④
⑤	⑥	⑦	⑧

[12] $R = 10\ \Omega$, $L = 4\ \text{mH}$ が直列に接続された回路に，$f = 60\ \text{Hz}$，$V = 100\ \text{V}$ の正弦波交流電圧を加えたとき，以下の問いに答えなさい。

(1) 誘導性リアクタンス X_L 〔Ω〕を求めなさい。

(2) インピーダンス $\dot{Z}$ 〔Ω〕およびその大きさ Z 〔Ω〕を求めなさい。

(3) 電流 $\dot{I}$ 〔A〕の実効値 I 〔A〕を求めなさい。

(答) (1) $X_L =$ 　　 Ω (2) $\dot{Z} =$ 　　 Ω, $Z =$ 　　 Ω (3) $I =$ 　　 A

7・6 RC 直列回路に関する問題

[13] 次の文の ☐ に適当な語句または式を入れなさい。

図 7・2 の回路にある端子電圧 $\dot{V}_R$, $\dot{V}_C$ 〔V〕は，それぞれ

$$\dot{V}_R = \boxed{①} \ \text{〔V〕}$$

$$\dot{V}_C = \boxed{②} \ \text{〔V〕}$$

であり，合成電圧は $\dot{V} = \dot{V}_R + \dot{V}_C = \left(R - j\dfrac{1}{\omega C}\right)\dot{I}$ となる。

回路のインピーダンス $\dot{Z}$ 〔Ω〕と，その大きさ Z 〔Ω〕は

$$\dot{Z} = \frac{\dot{V}}{\dot{I}} = \boxed{③} \ \text{〔Ω〕}$$

$$Z = \boxed{④} \ \text{〔Ω〕となる。}$$

電流 $\dot{I}$ 〔A〕の実効値 I 〔A〕，位相角 θ 〔rad〕は次の式から求められる。

$$I = \frac{V}{Z} = \boxed{⑤} \ \text{〔A〕}$$

$$\theta = \tan^{-1} \boxed{⑥} \ \text{〔rad〕}$$

$\theta > 0$ であるため，電圧 $\dot{V}$ 〔V〕より位相の $\boxed{⑦}$ 電流 $\dot{I}$ 〔A〕が流れる。
こうした回路の性質を $\boxed{⑧}$ という。

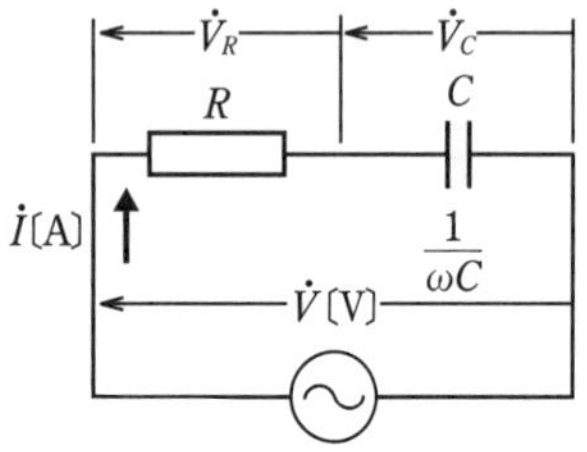

図 7・2 問題 13 の図

(答)	①	②	③	④
	⑤	⑥	⑦	⑧

14 $R = 30\,\Omega$，$C = 220\,\mu\text{F}$ が直列に接続された回路に，$f = 60\,\text{Hz}$，$V = 100\,\text{V}$ の正弦波交流電圧を加えたとき，以下の問に答えなさい。

(1) 容量性リアクタンス X_C 〔Ω〕を求めなさい。

(2) インピーダンス $\dot{Z}$ 〔Ω〕およびその大きさ Z 〔Ω〕を求めなさい。

(3) 電流 $\dot{I}$ 〔A〕の実効値 I 〔A〕を求めなさい。

(答) (1) $X_C =$ 　　　Ω (2) $\dot{Z} =$ 　　　Ω，$Z =$ 　　　Ω (3) $I =$ 　　　A

7・7 RLC 直列回路に関する問題

15 次の文の □ に適当な語句を入れなさい。

RLC 直列回路の性質は ωL および $\dfrac{1}{\omega C}$ の値により異なってくる。

1. $\omega L > \dfrac{1}{\omega C}$ のとき，$\theta < 0$ である。回路は $\boxed{①}$ であり，電圧 $\dot{V}$ より $\boxed{②}$ 電流 $\dot{I}$ が流れる。

2. $\omega L < \dfrac{1}{\omega C}$ のとき，$\theta > 0$ である。回路は $\boxed{③}$ であり，電圧 $\dot{V}$ より $\boxed{④}$ 電流 $\dot{I}$ が流れる。

3. $\omega L = \dfrac{1}{\omega C}$ のとき，$\theta = 0$ である。回路のインピーダンス $\dot{Z}$ は R のみとなるので，電圧 $\dot{V}$ と $\boxed{⑤}$ の電流 $\dot{I}$ が流れる。

(答) ① 　　② 　　③ 　　④ 　　⑤

16 $R = 20\ \Omega$, $L = 55\ \text{mH}$, $C = 420\ \mu\text{F}$ が直列に接続された回路に, $f = 60\ \text{Hz}$, $V = 100\ \text{V}$ の正弦波交流電圧を加えたとき, 以下の問に答えなさい。

(1) 誘導性リアクタンス X_L 〔Ω〕, 容量性リアクタンス X_C 〔Ω〕を求めなさい。

(2) インピーダンス $\dot{Z}$ 〔Ω〕およびその大きさ Z 〔Ω〕を求めなさい。

(3) 回路に流れる電流 I 〔A〕を求めなさい。

(4) 電圧の実効値 $\dot{V}_R$, $\dot{V}_L$, $\dot{V}_C$ 〔V〕を求めなさい。

(答) (1) $X_L =$ 　　　　Ω, $X_C =$ 　　　　Ω (2) $\dot{Z} =$ 　　　　Ω, $Z =$ 　　　　Ω

(3) $I =$ 　　　　A (4) $\dot{V}_R =$ 　　　　V, $\dot{V}_L =$ 　　　　V, $\dot{V}_C =$ 　　　　V

17 図 7・3 において, 回路の電流が最大になる周波数 〔kHz〕を求めなさい。

(答) $f_0 =$ 　　　　　　kHz

図 7・3 問題 17 の図

7・8 *RLC* 並列回路に関する問題

18 次の文の □□□ に適当な語または式を入れなさい。

(1) R, L および C の並列回路では各素子に ① の電圧 $\dot{V}$ が加わる。

(2) 電源電圧を $\dot{V}$ 〔V〕とすると, 抵抗 R 〔Ω〕に流れる電流 $\dot{I}_R$ 〔A〕とその大きさ I_R 〔A〕は

$\dot{I}_R =$ ②

$I_R =$ ③

で表される。$\dot{I}_R$ の位相は電圧 $\dot{V}$ と ④ である。

(3) 電源電圧を $\dot{V}$ 〔V〕とすると, 誘導性リアクタンス $X_L = \omega L$ 〔Ω〕に流れる電流 $\dot{I}_L$ 〔A〕とその大きさ I_L 〔A〕は

$\dot{I}_L =$ ⑤

$I_L =$ ⑥

で表される。$\dot{I}_L$ の位相は電圧 $\dot{V}$ より ⑦ 〔rad〕だけ遅れる。

(4) 電源電圧を $\dot{V}$ 〔V〕とすると, 容量性リアクタンス $X_C = \dfrac{1}{\omega C}$ 〔Ω〕に流れる電流 $\dot{I}_C$ 〔A〕とその大きさ I_C 〔A〕は

$\dot{I}_C =$ ⑧

$I_C =$ ⑨

で表される。$\dot{I}_C$ の位相は電圧 $\dot{V}$ より ⑩ 〔rad〕だけ進む。

(5) 回路の電流 $\dot{I}$ 〔A〕は, $\dot{I}_R$ 〔A〕と $\dot{I}_L$ 〔A〕および $\dot{I}_C$ 〔A〕の合成で

$\dot{I} =$ ⑪ 〔A〕

で表される。

(6) 並列回路では, インピーダンス $\dot{Z}$ 〔Ω〕の逆数であるアドミタンス $\dot{Y}$ 〔S〕を用いると, 回路の計算が簡単になる場合がある。R, L, C それぞれの素子のアドミタンスは

$$\dot{Y}_R = \boxed{⑫}$$

$$\dot{Y}_L = \boxed{⑬}$$

$$\dot{Y}_C = \boxed{⑭}$$

で表される。また，回路のアドミタンス $\dot{Y}$ は，$\dot{Y} = \dot{Y}_R + \dot{Y}_L + \dot{Y}_C$ となる。

(7) 回路の合成電流 $\dot{I}$ 〔A〕は，$\dot{I} = \boxed{⑮} \, \dot{V}$ で計算される。

（答）

①	②	③	④	⑤
⑥	⑦	⑧	⑨	⑩
⑪	⑫	⑬	⑭	⑮

19 図 7・4 のような回路で，抵抗に流れる電流が 8 A，リアクタンスに流れる電流が 6 A であるとき，電流計の指示値はいくつか答えなさい。

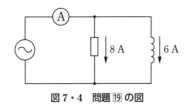

図 7・4　問題 19 の図

（答）　$I =$ 　　　　　　 A

20 図 7・5 に示した RL 並列回路において，$\dot{V} = 10 \, V$，$R = 4 \, \Omega$，$\omega L = 5 \, \Omega$ のとき，次の問に答えなさい。

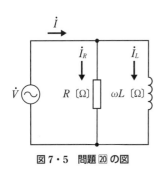

図 7・5　問題 20 の図

(1) 抵抗に流れる電流 $\dot{I}_R$ 〔A〕およびコイルに流れる電流 $\dot{I}_L$ 〔A〕を求めなさい。

(2) 回路に流れる合成電流 $\dot{I}$ 〔A〕およびその大きさ I 〔A〕を求めなさい。

(3) 電圧 $\dot{V}$ 〔V〕に対する電流 $\dot{I}$ 〔A〕の位相差 θ_I 〔rad〕を求めなさい。

(4) 回路の複素インピーダンス $\dot{Z}$ 〔Ω〕およびその大きさ Z 〔Ω〕を求めなさい。

（答）
(1)	$\dot{I}_R =$	A,	$\dot{I}_L =$	A
(2)	$\dot{I} =$	A,	$I =$	A
(3)	$\theta_I =$　rad	(4)	$\dot{Z} =$　Ω,	$Z =$　Ω

— 44 —

21 図 7・6 に示した RC 並列回路において，$\dot{V} = 10$ V，$R = 20\,\Omega$，$\dfrac{1}{\omega C} = 10\,\Omega$ のとき，次の問に答えなさい。

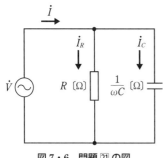

図 7・6 問題 21 の図

(1) 回路のアドミタンス $\dot{Y}$ 〔S〕を求めなさい。

(2) 回路に流れる合成電流 $\dot{I}$ 〔A〕およびその大きさ I 〔A〕を求めなさい。

(3) 電圧 $\dot{V}$ 〔V〕に対する電流 $\dot{I}$ 〔A〕の位相差 θ_I 〔rad〕を求めなさい。

(答) (1) $\dot{Y} =$ 　　　　　 S (2) $\dot{I} =$ 　　　　　 A，$I =$ 　　　　　 A (3) $\theta_I =$ 　　　　　 rad

22 図 7・7 の回路において，次の問に答えなさい。

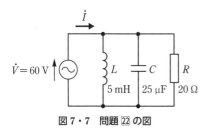

図 7・7 問題 22 の図

(1) 周波数 $f = 1\,000/\pi$ Hz のとき，次の問に答えなさい。

(a) $\dot{X}_L$ 〔Ω〕および $\dot{X}_C$ 〔Ω〕を求めなさい。

(b) 電流 $\dot{I}$ 〔A〕を求めなさい。

(c) 電圧 $\dot{V}$ 〔V〕に対する電流 $\dot{I}$ 〔A〕の位相差 θ_I 〔rad〕を求めなさい。

(2) 周波数 f を変えたとき，この回路が共振する周波数 f_0 〔Hz〕を求めなさい。

(答) (1) (a) $\dot{X}_L =$ 　　　　　 Ω，$\dot{X}_C =$ 　　　　　 Ω (b) $\dot{I} =$ 　　　　　 A (c) $\theta_I =$ 　　　　　 rad

(2) $f_0 =$ 　　　　　 Hz

23 図7・8の回路において，次の問いに答えなさい。

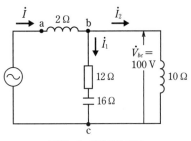

図7・8　問題 23 の図

(1) 電流 $\dot{I}_1$ が流れる回路のインピーダンス $\dot{Z}_1$〔Ω〕を求めなさい。

(2) 電流 $\dot{I}_1$〔A〕を求めなさい。

(3) 電流 $\dot{I}$〔A〕を求めなさい。

(4) ab 間の電圧 $\dot{V}_{ab}$〔V〕を求めなさい。

(答)　(1)　$\dot{Z}_1 =$ 　　　　 Ω　(2)　$\dot{I}_1 =$ 　　　　 A

　　　(3)　$\dot{I} =$ 　　　　 A　(4)　$\dot{V}_{ab} =$ 　　　　 V

24 図7・9の回路において，以下の問に答えなさい。

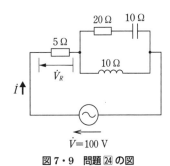

図7・9　問題 24 の図

(1) 回路のインピーダンス $\dot{Z}$〔Ω〕を求めよ。

(2) 回路に流れる電流 $\dot{I}$〔A〕を求めよ。

(3) 抵抗5Ωの両端の電圧（電圧降下）$\dot{V}_R$〔V〕を求めよ。

(4) 抵抗20Ωの消費電力 P〔W〕を求めよ。

(答)　(1)　$\dot{Z} =$ 　　　 Ω　(2)　$\dot{I} =$ 　　　 A　(3)　$\dot{V}_R =$ 　　　 V　(4)　$P =$ 　　　 W

25 図 7・10 の回路において，以下の問に答えなさい。

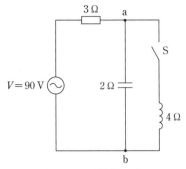

図 7・10　問題 25 の図

(1)　スイッチ S を開いたとき

(a)　回路のインピーダンスの大きさ Z_1〔Ω〕を求めよ。

(b)　回路に流れる電流の大きさ I_1〔A〕を求めよ。

(2)　スイッチ S を閉じたとき

(a)　a–b 間の合成リアクタンスの大きさ X〔Ω〕を求めよ。

(b)　回路の消費電力 P〔W〕を求めよ。

（答）	(1)	(a)	$Z_1 =$	Ω	(b)	$I_1 =$	A
	(2)	(a)	$X =$	Ω	(b)	$P =$	W

— 47 —

8章 三相交流

年　組（　）氏名＿＿＿＿＿＿＿＿＿＿＿＿

8・1　三相交流の性質に関する問題

1 三相交流の性質および結線方法について述べた次の文の　　　　に適当な語または式を入れなさい。

(1) 三相交流は，大きさが等しい　①　の起電力で合成される。各起電力の位相差が，互いに $\dfrac{2}{3}\pi$ rad の場合を　②　三相交流という。この三つの起電力の合成ベクトルの大きさは，　③　となる。

(2) 三相交流の各相のうち，位相の進んでいる相から a 相，b 相，c 相とよび，この順序を，　④　順または相回転が abc であるという。

(3) 三相交流を組み合わせる接続法を　⑤　結線といい，これには星形（Y）結線や三角（△）がある。

(4) 星形（Y）結線の場合，線間電圧 V は相電圧 V_s の　⑥　倍の大きさとなる。また，線間電圧 V は相電圧 V_s よりも　⑦　rad（30°）進む。相電流 I_s と線電流 I は同じである。

(5) 三角（△）結線の場合，線間電圧 V と相電圧 V_s は同じである。線電流 I は相電流 I_s の　⑧　倍の大きさとなる。また，線電流は相電流よりも　⑨　rad（30°）遅れる。

(答) ①＿＿＿ ②＿＿＿ ③＿＿＿、 ④＿＿＿ ⑤＿＿＿＿＿＿

⑥＿＿＿ ⑦＿＿＿ ⑧＿＿＿ ⑨＿＿＿＿＿＿

2 電圧の大きさが $E_a = E_b = E_c = 100\,\text{V}$ で，電流が $I_a = I_b = I_c = 10\,\text{A}$ の対称三相起電力 $\dot{E}_a$, $\dot{E}_b$, $\dot{E}_c$ を図 8・1 のように Y 結線および，△結線とした。それぞれの場合の線間電圧 $\dot{V}_{ab}$, $\dot{V}_{bc}$, $\dot{V}_{ca}$〔V〕の大きさおよび線電流 $\dot{I}_a$, $\dot{I}_b$, $\dot{I}_c$〔A〕の大きさを求めなさい。

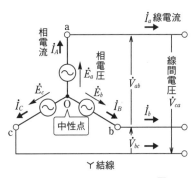
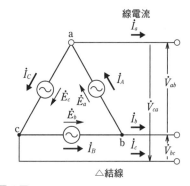

図 8・1　問題 2 の図

(答)

Y結線の場合	$V_{ab}=$ 　　V,	$V_{bc}=$ 　　V,	$V_{ca}=$ 　　V
	$I_a=$ 　　A,	$I_b=$ 　　A,	$I_c=$ 　　A
△結線の場合	$V_{ab}=$ 　　V,	$V_{bc}=$ 　　V,	$V_{ca}=$ 　　V
	$I_a=$ 　　A,	$I_b=$ 　　A,	$I_c=$ 　　A

8・2 三相交流の計算に関する問題

3 三相交流回路について述べた次の文の [_____] に適当な語または式を入れなさい。

(1) 三相交流電源に三相交流の流れるような負荷を接続した回路を一般に三相交流回路と呼んでいる。電源が [①] 三相交流で，同じ負荷インピーダンスをⅩ結線または△結線にした回路を [②] 三相回路という。

(2) 平衡三相交流回路には電源と負荷の結線方法の組合せから，Ⅹ-[③] 回路，△-△回路，Ⅹ-△回路，△-Ⅹ回路に分けられる。

(3) Ⅹ-Ⅹ回路では，電源の各相電圧と負荷に加わる各相電圧は [④]。負荷の各相に流れる電流は，各相を [⑤] 回路とみなした場合の電流と同様にして求められる。線間電圧 V は相電圧 V_s の [⑥] 倍となる。線電流 I は相電流 I_s と同じである。

(4) △-△回路では，電源の各相電圧と負荷に加わる各相電圧は [⑦]。負荷の各相に流れる電流は，各相を [⑧] 回路とみなした場合の電流と同様にして求められる。線間電圧 V と相電圧 V_s は同じである。線電流 I は相電流 I_s の [⑨] 倍となる。

(5) △結線した各層の負荷インピーダンスを $\dot{Z}_\triangle$，Ⅹ結線した各層の負荷のインピーダンスを $\dot{Z}_Y$ とすると，

$$\dot{Z}_Y = \frac{\dot{Z}_\triangle}{⑩} \quad または \quad 3\dot{Z}_Y = \dot{Z}_\triangle$$

として負荷のⅩ-△置換または△-Ⅹ置換ができる。

(答) | ① | ② | ③ | ④ | ⑤ |
| --- | --- | --- | --- | --- |
| ⑥ | ⑦ | ⑧ | ⑨ | ⑩ |

4 図8・2のような三相回路の電流 I を示す式を ① 〜 ④ の中から選びなさい。

① $\dfrac{V}{2R}$ ② $\dfrac{\sqrt{3}\,V}{R}$ ③ $\dfrac{V}{R}$ ④ $\dfrac{V}{\sqrt{3}\,R}$

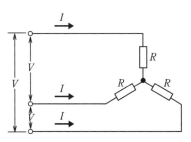

図8・2 問題 4 の図

(答) _____

5　図8・3において，相電圧の大きさ E_s が 100 V，負荷 $\dot{Z}$ が $10+j10\ \Omega$ のとき，線電流 I〔A〕および線間電圧 V〔V〕の大きさを求めなさい。

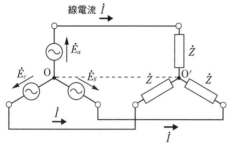

図8・3　問題 5 の図

(答)　$I=$　　　　　A,　$V=$　　　　　V

6　図8・4のような三相回路の電流 I を示す式を ① ～ ④ の中から選びなさい。

①　$\dfrac{V}{\sqrt{3}\,R}$　　②　$\dfrac{V}{R}$　　③　$\dfrac{\sqrt{3}\,V}{R}$　　④　$\dfrac{2V}{R}$

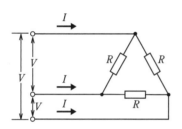

図8・4　問題 6 の図

(答)

7　図8・5において，相電圧の大きさ E_s が 100 V，負荷 $\dot{Z}$ が $10+j10\ \Omega$ のとき，線電流 I〔A〕および線間電圧 V〔V〕の大きさを求めなさい。

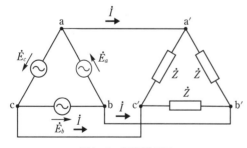

図8・5　問題 7 の図

(答)　$I=$　　　　　A,　$V=$　　　　　V

8 図 8・6 に示す丫-△結線において，電源の各相電圧の大きさが $E_s = 200 \, \text{V}$ で，負荷のインピーダンスが $\dot{Z}_\triangle = 27 + j36 \, \Omega$ のとき，線電流 I 〔A〕の大きさを求めなさい。

〔ヒント〕：負荷を△-丫置換する（$\dot{Z}_\curlyvee = Z_\triangle / 3$）。

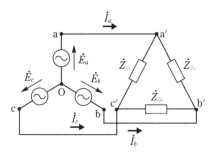

図 8・6 問題 **8** の図

（答）　$I =$ ＿＿＿＿＿＿＿＿　A

9 図 8・7 の△-丫結線において，電源の各相電圧の大きさが $E_s = 200 \, \text{V}$ で，負荷のインピーダンスが $\dot{Z}_\curlyvee = 27 + j36 \, \Omega$ のとき，線電流 I 〔A〕の大きさを求めなさい。

〔ヒント〕：負荷を丫-△置換する（$\dot{Z}_\triangle = 3Z_\curlyvee$）。

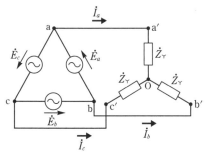

図 8・7 問題 **9** の図

（答）　$I =$ ＿＿＿＿＿＿＿＿　A

8・3 三相電力と力率に関する問題

10 三相電力について述べた次の文の ＿＿＿ に適当な語または式を入れなさい。

(1) 三相電力は丫結線，△結線にかかわらず各相の電力の ① で表される。

(2) 線間電圧を V 〔V〕，線電流を I 〔A〕，負荷の力率を λ とすると，三相電力は丫結線，△結線にかかわらず $P =$ ② 〔W〕で表される。

(3) 三相負荷の各相のインピーダンスが，$\dot{Z} = R + jX$ 〔Ω〕で表される場合，負荷の力率 λ は
$\lambda = \cos \theta =$ ③ となる。

（答）　①＿＿＿＿＿　②＿＿＿＿＿　③＿＿＿＿＿

11 図8・8のような三相回路の消費電力 P〔kW〕を求めなさい。

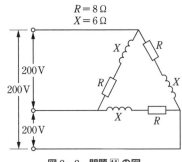

$R = 8\,\Omega$
$X = 6\,\Omega$

200 V
200 V
200 V

図8・8 問題 11 の図

(答) $P =$ _____ kW

12 図8・9のように，線間電圧 E〔V〕の三相交流電源に，R〔Ω〕の三つの抵抗負荷が接続されている。この回路の消費電力 P〔W〕を示す式を①～④の中から選びなさい。

① $\dfrac{E^2}{3R}$　② $\dfrac{E^2}{2R}$　③ $\dfrac{3E^2}{R}$　④ $\dfrac{E^2}{R}$

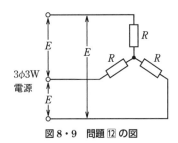

E
E
E
R
R　R
3φ3W
電源

図8・9 問題 12 の図

補足：図の 3φ3W は三相3線式を表す。

(答) _____

13 図8・10の平衡三相回路について，次の各問に答えなさい。

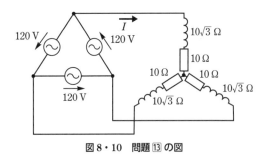

120 V
120 V
120 V
I
$10\sqrt{3}\,\Omega$
$10\,\Omega$
$10\,\Omega$　$10\,\Omega$
$10\sqrt{3}\,\Omega$
$10\sqrt{3}\,\Omega$

図8・10 問題 13 の図

(1) 線電流 I〔A〕を求めなさい。

(2) 負荷の力率 λ〔%〕を求めなさい。

(3) 負荷の消費電力 P〔W〕を求めなさい。

(答)　(1) $I =$ _____ A　(2) $\lambda =$ _____ %　(3) $P =$ _____ W

14 図8・11の平衡三相回路について，次の各問に答えなさい。

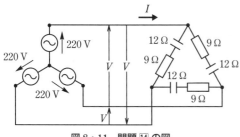

図8・11　問題 14 の図

(1) 線電流 I〔A〕を求めなさい。
(2) 負荷の力率 λ〔%〕を求めなさい。
(3) 負荷の消費電力 P〔kW〕を求めなさい。

(答)　(1)　$I =$ 　　　　　A　(2)　λ = 　　　　　%　(3)　$P =$ 　　　　　kW

8・4　回転磁界に関する問題

15 三相交流について述べた次の文の ☐ に適当な語または式を入れなさい。

(1) 回転磁界は ① 交流とコイルによって簡単に作ることができる。
(2) 三相交流による回転磁界は次回の ② が一定で，向きが時間の経過とともに変化する。
(3) 回転磁界の回転速度 N は，周波数を f，磁極数を p とすると，$N =$ ③ 〔min⁻¹〕となる。
(4) 回転磁界の回転速度のことを ④ 速度という。
(5) 三相交流の ⑤ の相順を入れ換えれば，回転磁界の回転方向が逆になる。
(6) 回転磁界は二相交流によっても作ることができるが，単層交流にコンデンサを介して作った二相交流による回転磁界は，その大きさが常に一定ではなく，⑥ 回転磁界となる。

(答)　①　　　　②　　　　③　　　　④　　　　⑤　　　　⑥

16 6極の三相誘導電動機を周波数 60 Hz で使用するとき，最も近い回転速度〔min⁻¹〕の値を ①～④ の中から選びなさい。

　① 600　　② 1 200　　③ 1 800　　④ 3 600
〔ヒント〕：三相誘導電動機は，ほぼ同期速度で回転する。

(答)

9・1 　測定量の取扱いに関する問題

☐1 　図9・1について，以下の問に答えなさい。

　(1)　150 mA レンジを用いて直流電流を測定したとき，許容差は何〔mA〕以内となるか。

　(2)　動作原理の種類と姿勢の区分を答えなさい。

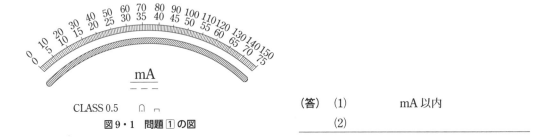

CLASS 0.5 　∩　⌐
図9・1　問題 ☐1 の図

(答)　(1)　　　　　　　　　mA 以内
　　　(2)

☐2 　定格電圧 200 V の電圧を測定したところ，203 V であった。このときの定格電圧を真の値と仮定して，百分率誤差 ε〔%〕を求めなさい。

(答)　ε ＝　　　　　　　　%

☐3 　次の数値の有効桁数は何桁か答えよ。

　(1)　7　　　　(2)　0.300　　　(3)　999.9　　　(4)　3.54×10^6

(答)　(1)　　　　　　(2)　　　　　　(3)　　　　　　(4)

☐4 　次の測定値の計算結果を求め，有効数字の桁数を答えよ。

　(1)　3.32＋5.527　　　(2)　1.364－0.42

　(3)　10.26×4.20　　　(4)　5.00÷60.0

(答)　(1)　　　　　　(2)　　　　　　(3)　　　　　　(4)

9・2 　電気計器の原理と構造に関する問題

☐5 　次の (1)〜(5) の文章は，電気計器の原理について説明されたものである。もっとも当てはまる計器の分類を解答群より選びなさい。

　(1)　固定コイルの内側に稼働コイルを配置し，両コイルに測定する電流を流して，固定コイル内に生じる磁界と稼働コイルに流れる電流による電磁力を利用して，稼働コイルに駆動トルクを生じさせる。

　(2)　磁界中のコイルに電流を流すとコイル周辺には電流の大きさに応じた電磁力が働き，コイルを回転させるトルクが生じる。このコイルに指針を取り付ければ，電流によって指針が触れ，目盛を読み取ることができる。

　(3)　入力された測定量が入力信号変換部で直流電圧に変換され，A-D 変換器で直流電圧のアナログ値の大小に応じたディジタル値に変換し，表示器で測定電圧の数値を表示する。

(4)　固定コイルの内側に鉄片を配置し，固定されたコイルに測定する電流を流して，これによる磁界で鉄片を同一方向に磁化し，鉄片間に生じる反発力や吸引力によって稼働部分に駆動トルクが働くようにしたものである。

(5)　絶縁された二つの金属電極間に測定する電圧を加え，電圧によって電極に蓄えられる電荷間に生じる静電力を利用して可動極板を動かすものである。

〔解答群〕　（ア）　永久磁石可動コイル形　　（イ）　可動鉄片形　　　　（ウ）　電流力計形

　　　　　　（エ）　静電形　　　　　　　　　（オ）　ディジタル計器

（答）　(1)　　　　　　(2)　　　　　　(3)　　　　　　(4)　　　　　　(5)

9・3　基礎量の測定に関する問題

6　負荷の電圧と電流を測定する場合，正しい接続方法はどれか。図9・2の①〜④から選びなさい。

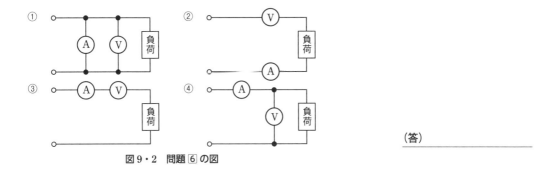

（答）

図9・2　問題6の図

7　図9・3のテスタについて，以下の問に答えなさい。

(1)　一般家庭用のコンセントに接続されている商用電源の電圧を測定するのに適しているレンジ

(2)　単3乾電池の端子電圧を測定するのに適しているレンジ

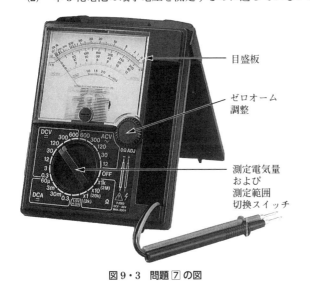

目盛板

ゼロオーム
調整

測定電気量
および
測定範囲
切換スイッチ

図9・3　問題7の図

（答）　(1)　　　　　　　　レンジ

　　　　(2)　　　　　　　　レンジ

8 電流力計形電力計について述べた次の文の □ に適当な語または式を解答群より選びなさい。

(1) 単相交流の電力は，□① で表される。したがって，負荷の力率を測定したい場合，電圧計，電流計，□② があれば，計算によってこの力率を求めることができる。

(2) 図9・4は，電流力計形単相電力計の原理を示したものである。図中の □③ コイルに流れる電流 $\dot{I}$ によって生じた磁束密度と，□④ コイルに流れる電流 $\dot{I}_M$ の積に比例した □⑤ トルクが働く。

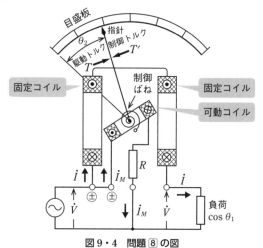

図9・4 問題8の図

〔解答群〕　(ア) $VI\cos\varphi$　　(イ) $VI\sin\varphi$　　(ウ) VI　　(エ) 電力計

(オ) 周波数計　　(カ) 可動　　(キ) 固定　　(ク) 制動

(ケ) 駆動

(答)　①　　　　②　　　　③　　　　④　　　　⑤

---

9 図9・5のように W_1 および W_2 の2台の単相電力計を用いて三相電力を測定した。線間電圧が $V=200\,\text{V}$，線電流が $I=10\,\text{A}$，W_1 の指示は $P_1=1.67\,\text{kW}$，W_2 の指示は $P_2=1.10\,\text{kW}$ であったという。この回路の三相電力 P〔kW〕を求めなさい。

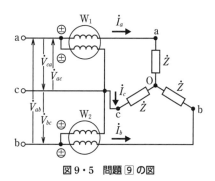

図9・5 問題9の図

(答)　$P=$　　　　　　kW

---

10 ディジタル電圧計を従来の指示電圧計と比較した場合の一般的な特徴として，誤っているものを①～⑤の中から選びなさい。

① 測定データの記録，演算などの処理が容易である。

② 表示の読取り誤差がなく，また個人差もない。

③ 高精度の測定および表示ができる。

④ 電流・抵抗なども測定できるマルチメータとしての使用が多く，やや高価となる。

⑤ A-D変換器を使用するため，信号の変換に時間を要し，測定時間は長い。

(答)

11 交流ブリッジの原理について記述した次の文の □ に当てはまる字句または式を入れなさい。

図9・6のように四つのインピーダンス $\dot{Z}_1$, $\dot{Z}_2$, $\dot{Z}_3$, $\dot{Z}_4$〔Ω〕を接続した回路を交流ブリッジ回路という。ab 間に交流電源 $\dot{E}$〔V〕を，cd 間に検出器 D を接続したとき，cd 間の電位差が 0 になる場合をブリッジが ① したという。

このとき，$\dot{V}_{ac}=\dot{V}_{ad}$，$\dot{V}_{cb}=\dot{V}_{db}$ となるので，次式が成り立つ。

$$\dot{Z}_1\dot{I}_1 = \boxed{②} \quad\cdots\cdots(1)$$
$$\dot{Z}_4\dot{I}_1 = \dot{Z}_3\dot{I}_2 \quad\cdots\cdots(2)$$

これらの式より，交流ブリッジの平衡条件は

$$\dot{Z}_1\dot{Z}_3 = \boxed{③} \quad\cdots\cdots(3)$$

となる。すなわち，ブリッジの対辺のインピーダンスの ④ が等しいとき，ブリッジが平衡する。これは直流ブリッジの平衡条件と同様であるが，交流ブリッジでは両辺の実部どうし，および虚部どうしがともに等しくなる必要がある。例えば

$$\dot{Z}_1\dot{Z}_3 = a_1+jb_1, \quad \dot{Z}_2\dot{Z}_4 = a_2+jb_2$$

となったとき，ブリッジの平衡条件は，$a_1 = \boxed{⑤}$ かつ $b_1 = \boxed{⑥}$ となる。

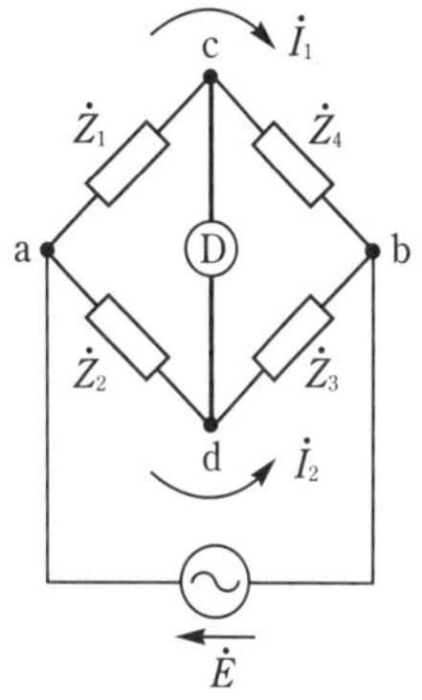

図9・6 問題11の図

(答) ①   ②   ③   ④   ⑤   ⑥

12 図9・7のマクスウェルブリッジにおいて，$L=1.2\,\mathrm{mH}$，$R=1.5\,\Omega$ の標準コイルを用いて測定したところ，$P=4.5\,\mathrm{k}\Omega$，$Q=1.5\,\mathrm{k}\Omega$ で平衡がとれた。コイルのインダクタンス L_x と抵抗 R_x を求めなさい。

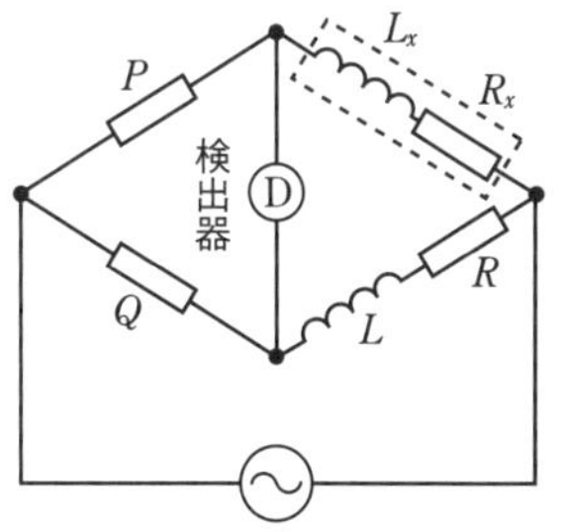

図9・7 問題12の図

(答) $L_x=$ mH，$R_x=$ Ω

13 オシロスコープについて記述した次の文の □ に当てはまる字句を入れなさい。

オシロスコープは，① とともに変化する電気信号の ② や位相などを観測するのに使用される。オシロスコープの表示装置には，陰極線管や液晶ディスプレイなどが使われている。

アナログ式オシロスコープの表示装置としては ③ が多く用いられている。③ は電子銃，垂直 ④ ，水平 ④ ，蛍光面などで構成される。

ディジタル式オシロスコープの表示装置としては，小形・軽量で消費電力の少ない ⑤ が用いられることが多い。測定した信号を ⑥ 変換でディジタル信号に変換し，ディジタルデータとして ⑦ に記憶させ，内蔵した演算機で処理し，表示装置に表示する。

(答) ①   ②   ③   ④   ⑤   ⑥   ⑦

10・1 非正弦波交流に関する問題

1 非正弦波交流の性質について述べた次の文の 　　　 に当てはまる字句として正しい組合せを (1)〜(4) の中から選びなさい。

　非正弦波交流は，その繰り返し周波数と同じ周波数をもつ ① 交流と， ② の周波数をもった多くの ③ 交流に分解できる。これを式で表すと次のようになる。

$$i = I_0 + \sqrt{2}\,I_1 \sin(\omega t + \varphi_1) + \sqrt{2}\,I_2 \sin(2\omega t + \varphi_2) + \cdots\cdots$$

上式の第一項は ④ を表し，第二項は ⑤ ，第三項以降のものについては， ⑥ とよんでいる。

	①		②		③		④		⑤		⑥
(1)	正弦波	②	整数倍	③	正弦波	④	直流分	⑤	基本波	⑥	高調波
(2)	非正弦波	②	整数倍	③	非正弦波	④	直流分	⑤	基本波	⑥	高調波
(3)	正弦波	②	奇数倍	③	正弦波	④	基本波	⑤	高調波	⑥	整数倍
(4)	非正弦波	②	奇数倍	③	非正弦波	④	基本波	⑤	高調波	⑥	整数倍

（答）＿＿＿＿＿

2 非正弦波交流の性質について述べた次の文の 　　　 に適当な語または式を入れなさい。

(1) 非正弦波交流の発生の例として ① やダイオードを含む回路などがある。

(2) 非正弦波交流は，直流分，基本波およびその整数倍の周波数をもつ ② 波に分解できる。

(3) 高調波のうち奇数の調波を奇数調波，偶数の調波を ③ 調波という。

(4) 奇数調波だけを含んでいる非正弦波交流は，時間軸に対して ④ 波となる。

(5) 交流の実効値は，その波形に関係なく瞬時値の 2 乗の平均値の ⑤ 根で表される。

(6) 非正弦波交流のひずみ率 KF は，次式で表される。

$$KF = \frac{\text{高調波全体の実効値}}{\boxed{⑥}\ \text{波の実効値}}$$

(7) 波形率は波形の平滑さを表し，波高率は波形の先鋭度を表し，次式で表される。

$$\text{波形率} = \frac{\text{実効値}}{\boxed{⑦}\ \text{値}} \qquad \text{波高率} = \frac{\text{最大値}}{\boxed{⑧}\ \text{値}}$$

(8) 非正弦波交流の電力は， ⑨ 周波数の電圧と電流との間においてのみ生じ，それらの和が全電力である。

(9) 非正弦波交流の電力を P〔W〕，電圧，電流の実効値を V〔V〕，I〔A〕とすれば，力率 λ は次式で表される。

$$\text{力率}\ \lambda = \cos\varphi = \frac{P}{\boxed{⑩}}$$

（答）

①	②	③	④	⑤
⑥	⑦	⑧	⑨	⑩

3 図10・1に示す非正弦波について，次の問いに答えなさい。

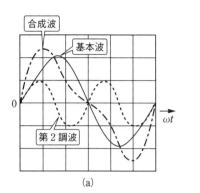 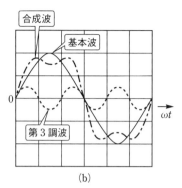

(a)　　　　　　　　　　　　　(b)

図10・1　問題 3 の図

(1)　図10・1 (a) において
　　(a)　基本波の実効値を I_1，角周波数を ω〔rad/s〕としたとき，基本波の瞬時値 i_1 の式を示しなさい。
　　(b)　第2調波の実効値を I_2 としたとき，第2調波の瞬時値 i_2 の式を示しなさい。
　　(c)　合成波 i の瞬時値の式を示しなさい。
(2)　図10・1 (b) において
　　(a)　基本波の実効値を I_1，角周波数を ω〔rad/s〕としたとき，基本波の瞬時値 i_1 の式を示しなさい。
　　(b)　第3調波の実効値を I_3 としたとき，第3調波の瞬時値 i_3 の式を示しなさい。
　　(c)　合成波 i の瞬時値の式を示しなさい。

(答)　(1)　(a)　　　　　　　　(b)　　　　　　　　(c)
　　　(2)　(a)　　　　　　　　(b)　　　　　　　　(c)

4　$e = 20\sqrt{2}\,\sin \omega t + 10\sqrt{2}\,\sin\left(3\omega t - \dfrac{\pi}{3}\right) + 5\sqrt{2}\,\sin\left(5\omega t + \dfrac{\pi}{6}\right)$〔V〕で表される非正弦波電圧の実効値 E〔V〕を求めなさい。

(答)　$E =$ 　　　　　　　　V

5　問題 4 で示された非正弦波電圧 e〔V〕は横軸（時間軸）に対して対称波となるかどうかを答えなさい。

(答)

6 $v = 200 \sin \omega t + 40 \sin 3\omega t + 30 \sin 5\omega t$ 〔V〕で表される非正弦波交流電圧の波形のひずみ率の値として，正しいものを①〜⑤の中から選びなさい。ただし，ひずみ率 KF は次の式による。

$$KF = \frac{高調波全体の実効値〔V〕}{基本波の実効値〔V〕}$$

① 0.05　　② 0.1　　③ 0.15　　④ 0.2　　⑤ 0.25

［ヒント］：この非正弦波は，基本波，第3調波および第5調波からなる。高調波は，第3調波および第5調波である。

(答) _____

7 次式に示す電圧 e 〔V〕および電流 i 〔A〕による電力 P 〔kW〕として，正しい値を①〜⑤の中から選びなさい。

$$e = 100 \sin \omega t + 50 \sin \left(3\omega t - \frac{\pi}{6}\right) 〔V〕$$

$$i = 20 \sin \left(\omega t - \frac{\pi}{6}\right) + 10\sqrt{3} \sin \left(3\omega t + \frac{\pi}{6}\right) 〔A〕$$

① 0.95　　② 1.08　　③ 1.16　　④ 1.29　　⑤ 1.34

［ヒント］：非正弦波交流電圧 e 〔V〕の各調波の実効値を E_1，E_2，$E_3 \cdots$，非正弦波交流電流 i 〔A〕の各調波の実効値を I_1，I_2，$I_3 \cdots$，それぞれの位相差を φ_1，φ_2，$\varphi_3 \cdots$ とすれば電力 P 〔W〕は次式で求められる。

$$P = P_1 + P_2 + P_3 \cdots = E_1 I_1 \cos \varphi_1 + E_2 I_2 \cos \varphi_2 + E_3 I_3 \cos \varphi_3 \cdots 〔W〕$$

(答) _____

10・2　パルス波の基礎と過渡現象に関する問題

8 パルス波について述べた次の文の _____ に適当な語または式を入れなさい。

(1)　非正弦波の中で限られた時間だけ存在するような電圧や電流を ① という。

(2)　目的に応じてよく用いられる非正弦波には，② 波，のこぎり波，先のとがったパルス波などがあり，その波形の形状からいろいろな名前がつけられている。

(3)　これらの非正弦波の各部の名称は次のように定義される。

振幅： ③ 値で表す。

繰返し周期：同じ波形が現れるまでの時間。

繰返し周波数：繰返し周期の ④ 数。

パルス幅：パルス波形の持続する時間。

衝撃係数：$\dfrac{パルス幅}{⑤ 周期}$ で表される。

(4) パルス波形の詳細な性質を表すのには次のような術語が用いられる。

パルス幅：パルスの前縁と後縁の $\boxed{⑥}$ 〔%〕振幅間の時間。

立上り時間：パルスの振幅が，$\boxed{⑦}$ %～90% になるまでの時間。

立下り時間：パルスの振幅が，90 %～$\boxed{⑧}$ % になるまでの時間。

（答）
①	②	③	④
⑤	⑥	⑦	⑧

9 オシロスコープでパルス波を観察したところ，図 10・2 のようになった。垂直軸が 5 V/cm，時間軸が 10 µs/cm であったとき，次に示す値をそれぞれ求めなさい。

(1) 振幅 V_m 〔V〕

(2) パルス幅 τ 〔µs〕

(3) 立上り時間 t_r 〔µs〕

(4) 立下り時間 t_f 〔µs〕

(5) 繰返し周期 f_r 〔µs〕

(6) 衝撃係数 D_r

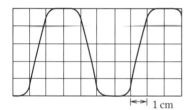

図 10・2　問題 **9** の図

（答）
(1) $V_m=$	V	(2) $\tau=$	µs	(3) $t_r=$	µs
(4) $t_f=$	µs	(5) $f_r=$	µs	(6) $D_r=$	

10 過渡現象，微分回路および積分回路について述べた次の文の $\boxed{}$ に適当な語または式を入れなさい。

(1) 回路の電圧や電流が，ある安定状態から次の安定状態に移行する過程を $\boxed{①}$ 現象という。

(2) 過渡現象の変化の速さの目安として，次式で表される時定数 τ が用いられる。

時定数 τ 〔s〕＝ $\boxed{②}$ 〔Ω〕×C 〔F〕

(3) 図 10・3 のような RC 直列回路において，パルス幅 τ_p 〔s〕の方形波を加えたとき $RC \ll \tau_p$ の場合は，抵抗 R の端子電圧 v_R は先のとがった鋭いパルス波となる。この場合の回路を $\boxed{③}$ 回路という。

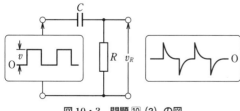

図 10・3　問題 **10** (3) の図

(4) 図 10・4 のような RC 直列回路において，パルス幅 τ_p〔s〕の方形波を加えたとき $RC \gg \tau_p$ の場合は，コンデンサ C の端子電圧 v_C は方形波電圧の時間的な積算値に比例する。この場合の回路を　④　回路という。

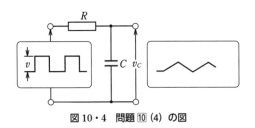

図 10・4　問題 ⑩ (4) の図

(答)　①　　　　②　　　　③　　　　④

⑪　抵抗 $R = 100\,\Omega$ とコンデンサ $C = 1\,\mu\mathrm{F}$ の RC 直列回路に $V = 1\,\mathrm{V}$ の直流電圧を加えたとき，次の問に答えなさい。

(1)　この回路の時定数 τ〔ms〕を求めなさい。

(2)　$t_1 = \tau$〔s〕のとき，C の端子電圧 v_c〔V〕を求めなさい。

(3)　コンデンサ C の充電がほぼ完了する時間 t_2〔ms〕を求めなさい。

[ヒント]：C の端子電圧は，$v_c = V\left(1 - \varepsilon^{-\frac{t_1}{RC}}\right)$ で表される。C の充電がほぼ完了する時間は，$t_2 = 2.3RC$ である。

(答)　(1)　$\tau =$ 　　　　ms　(2)　$v_c =$ 　　　　V　(3)　$t_2 =$ 　　　　ms

「電気回路1（工業724）」「電気回路2（工業725）」準拠

演習問題集
電気回路
解答編

Ohmsha

1
(1) $\dfrac{2}{3}+\dfrac{4}{3}=\dfrac{2+4}{3}=\dfrac{6}{3}=2$

(2) $\dfrac{1}{12}+\dfrac{9}{12}=\dfrac{1+9}{12}=\dfrac{10}{12}=\dfrac{5}{6}$

(3) $\dfrac{7}{12}-\dfrac{1}{12}=\dfrac{7-1}{12}=\dfrac{6}{12}=\dfrac{1}{2}$

(4) $2+\dfrac{1}{10}=\dfrac{20}{10}+\dfrac{1}{10}=\dfrac{21}{10}$

(5) $\dfrac{7}{8}-\left(\dfrac{1}{4}+\dfrac{1}{4}\right)=\dfrac{7}{8}-\dfrac{2}{4}=\dfrac{7-4}{8}=\dfrac{3}{8}$

(6) $\dfrac{2}{5}+\dfrac{4}{3}=\dfrac{6}{15}+\dfrac{20}{15}=\dfrac{26}{15}$

(7) $\dfrac{2}{3}\times\dfrac{4}{5}=\dfrac{2\times4}{3\times5}=\dfrac{8}{15}$

(8) $\dfrac{2}{5}\div\dfrac{4}{5}=\dfrac{2}{5}\times\dfrac{5}{4}=\dfrac{1}{2}$

（答）　(1)　2　(2)　$\dfrac{5}{6}$　(3)　$\dfrac{1}{2}$　(4)　$\dfrac{21}{10}$

(5)　$\dfrac{3}{8}$　(6)　$\dfrac{26}{15}$　(7)　$\dfrac{8}{15}$　(8)　$\dfrac{1}{2}$

2
(1) $\dfrac{1}{2}+\dfrac{2}{3}+\dfrac{3}{4}=\dfrac{6}{12}+\dfrac{8}{12}+\dfrac{9}{12}=\dfrac{23}{12}$

(2) $\dfrac{3}{5}-\dfrac{1}{3}=\dfrac{9}{15}-\dfrac{6}{15}=\dfrac{4}{15}$

(3) $\dfrac{1}{2}-\dfrac{3}{4}+\dfrac{5}{8}=\dfrac{4}{8}-\dfrac{6}{8}+\dfrac{5}{8}=\dfrac{3}{8}$

(4) $\dfrac{3}{2}-\left(\dfrac{1}{3}+\dfrac{1}{4}\right)=\dfrac{18}{12}-\left(\dfrac{4}{12}+\dfrac{3}{12}\right)$

$=\dfrac{11}{12}$

（答）　(1)　$\dfrac{23}{12}$　(2)　$\dfrac{4}{15}$　(3)　$\dfrac{3}{8}$　(4)　$\dfrac{11}{12}$

3
(1) $\dfrac{2}{3}\times\left(\dfrac{3}{5}+\dfrac{1}{4}\right)=\dfrac{2}{3}\times\left(\dfrac{12}{20}+\dfrac{5}{20}\right)$

$=\dfrac{17}{30}$

(2) $2\div\left(\dfrac{1}{2}+\dfrac{1}{4}\right)=2\div\dfrac{3}{4}=2\times\dfrac{4}{3}=\dfrac{8}{3}$

(3) $\dfrac{1}{0.2}+\dfrac{1}{0.5}=\dfrac{1\times10}{0.2\times10}+\dfrac{1\times10}{0.5\times10}$

$=\dfrac{10}{2}+\dfrac{10}{5}=7$

(4) $\dfrac{5}{0.3}-\dfrac{2}{0.5}=\dfrac{50}{3}-\dfrac{20}{5}=\dfrac{250}{15}-\dfrac{60}{15}$

$=\dfrac{190}{15}=\dfrac{38}{3}$

(5) $\dfrac{1}{\dfrac{1}{3}+\dfrac{1}{4}}=\dfrac{1\times12}{4+3}=\dfrac{12}{7}$

(6) $\dfrac{1}{\dfrac{2}{3}-\dfrac{3}{5}}=\dfrac{1\times15}{2\times5-(3\times3)}=15$

（答）　(1)　$\dfrac{17}{30}$　(2)　$\dfrac{8}{3}$　(3)　7　(4)　$\dfrac{38}{3}$

(5)　$\dfrac{12}{7}$　(6)　15

4
(1) $10^2=10\times10=100$

(2) $10^0=1$

(3) $10^{-1}=\dfrac{1}{10}=0.1$

(4) $10^{-3}=\dfrac{1}{10^3}=\dfrac{1}{1\,000}=0.001$

(5) $10^2\times10^4=10^{2+4}=10^6$

(6) $10^{-6}\times10^{-3}=10^{-6-3}=10^{-9}$

(7) $10^9\times10^{-5}=10^{9-5}=10^4$

(8) $10^2\times10^{-3}\times10^{-4}=10^{2-3-4}=10^{-5}$

(9) $(10^2)^{3}=10^{2\times3}=10^6$

(10) $(10^3)^{-4}=10^{3\times(-4)}=10^{-12}$

(11) $(10^{-3})^2\times(10^3)^3=10^{-6}\times10^9=10^3$

（答）　(1)　100　(2)　1　(3)　0.1　(4)　0.001

(5)　10^6　(6)　10^{-9}　(7)　10^4

(8)　10^{-5}　(9)　10^6　(10)　10^{-12}

(11)　10^3

5
(1) $2+10^0=2+1=3$

(2) $5+10^1=5+10=15$

(3) $3-10^{-1}=3-0.1=2.9$

(4) $8\times10^3=8\times1\,000=8\,000$

(5) $3\times10^2\times10^{-3}=3\times10^{-1}=3\times0.1=0.3$

(6) $10^5\times\dfrac{1}{10}\times\left(\dfrac{1}{10^3}\right)^2=10^5\times10^{-1}\times(10^{-3})^2$

$\qquad\qquad=10^{5-1-6}=10^{-2}=0.02$

(7) $5^3\times\dfrac{1}{25}\times\dfrac{1}{50}=5^3\times5^{-2}\times\left(\dfrac{1}{5}\times\dfrac{1}{10}\right)$

$\qquad\qquad=5^{3-2-1}\times\dfrac{1}{10}=0.1$

(8) $(4^2+3^2)(4^2-3^2)=(4^2)^2-(3^2)^2$

$\qquad\qquad=16^2-9^2=256-81=175$

(答) (1) **3** (2) **15** (3) **2.9** (4) **8 000**

(5) **0.3** (6) **0.02** (7) **0.1** (8) **175**

---

6 (1) $\sqrt{16}+6=\sqrt{4^2}+6=4+6=10$

(2) $\sqrt{8}+\sqrt{2}=\sqrt{2^2+2}+\sqrt{2}=2\sqrt{2}+\sqrt{2}$

$\qquad=3\sqrt{2}$

(3) $\sqrt{3^2+4^2}=\sqrt{9+16}=\sqrt{25}=5$

(4) $\sqrt{14-\sqrt{25}}=\sqrt{14-5}=\sqrt{9}=3$

(5) $(\sqrt{3}+\sqrt{5})^2$

$\qquad=(\sqrt{3})^2+2\times\sqrt{3}\times\sqrt{5}+(\sqrt{5})^2$

$\qquad=3+2\sqrt{15}+5=8+2\sqrt{15}$

(6) $(\sqrt{8}-\sqrt{5})^2$

$\qquad=(\sqrt{8})^2-2\times\sqrt{8}\times\sqrt{5}+(\sqrt{5})^2$

$\qquad=8-2\times2\sqrt{2}\times\sqrt{5}+5=13-4\sqrt{10}$

(7) $(\sqrt{10}+\sqrt{7})(\sqrt{10}-\sqrt{7})$

$\qquad=(\sqrt{10})^2-(\sqrt{7})^2=10-7=3$

(8) $\dfrac{\sqrt{500}}{\sqrt{5^2+15^2}}=\dfrac{\sqrt{500}}{\sqrt{25+225}}=\dfrac{\sqrt{500}}{\sqrt{250}}$

$\qquad=\dfrac{\sqrt{2\times250}}{\sqrt{250}}=\dfrac{\sqrt{2}\times\sqrt{250}}{\sqrt{250}}$

$\qquad=\sqrt{2}$

(答) (1) **10** (2) $3\sqrt{2}$ (3) **5** (4) **3**

(5) $8+2\sqrt{15}$ (6) $13-4\sqrt{10}$ (7) **3**

(8) $\sqrt{2}$

---

7 (答) (1) 10^9 (2) 10^{-9} (3) 10^2

(4) 10^{-6} (5) 10^4 (6) 10^{-12}

(7) **1** (8) **0** (9) 3×10^8

---

(10) $\dfrac{1}{120\pi}$

1章　電気回路と材料

1 (答) ① 原子核 ② 陽子

③ 中性子 ④ 電子

2 (答) ① 電荷 ② 電気量

③ クーロン ④ 自由電子

⑤ 負 ⑥ 電源 ⑦ 逆方向

⑧ 負荷 ⑨ 起電力

⑩ ボルト ⑪ 電位 ⑫ 高い

⑬ 低い ⑭ 電位差 ⑮ 電圧

⑯ 直流 ⑰ 交流

3 教科書の式 (1・1) を使う。

$$I=\frac{Q}{t}=\frac{2.4}{0.2}=12\,\text{A}$$

(答) $I=12\,\text{A}$

4 教科書の式 (1・1) を，Q を求める式に変形して求める。

$$Q=It=0.4\times1.5=0.6\,\text{C}$$

(答) $Q=0.6\,\text{C}$

5 接地点を基準 (0 V) として考える。

(1) $V_a=9+5=14\,\text{V}$

$V_b=0\,\text{V}$

$V_{ab}=V_a-V_b=14-0=14\,\text{V}$

(2) $V_a=6-10=-4\,\text{V}$

$V_b=0\,\text{V}$

$V_{ab}=V_a-V_b=-4-0=-4\,\text{V}$

(3) $V_a=1.5\,\text{V}$

$V_b=1.5\,\text{V}$

$V_{ab}=V_a-V_b=1.5-1.5=0\,\text{V}$

(4) $V_a=-3+2=-1\,\text{V}$

$V_b=-3\,\text{V}$

$V_c=0\,\text{V}$

$V_{ab}=V_a-V_b=-1-(-3)=2\,\text{V}$

$V_{bc}=V_b-V_c=-3-0=-3\,\text{V}$

$V_{ac}=V_a-V_c=-1-0=-1\,\text{V}$

（答）　(1)　$V_a = 14\,V$,　$V_b = 0\,V$,　$V_{ab} = 14\,V$

　　　　(2)　$V_a = -4\,V$,　$V_b = 0\,V$,　$V_{ab} = -4\,V$

　　　　(3)　$V_a = 1.5\,V$,　$V_b = 1.5\,V$,　$V_{ab} = 0\,V$

　　　　(4)　$V_a = -1\,V$,　$V_b = -3\,V$,　$V_c = 0\,V$,

　　　　　　 $V_{ab} = 2\,V$,　$V_{bc} = -3\,V$,　$V_{ac} = -1\,V$

6　（答）　① 導体　　② 絶縁体

　　　　　③ 半導体　　④ 電圧降下

　　　　　⑤ 等価回路　　⑥ 抵抗率

　　　　　⑦ オームメートル　　⑧ 導電率

　　　　　⑨ ジーメンス毎メートル

7　（答）　① T　　② テラ　　③ G

　　　　　④ ギガ　　⑤ M　　⑥ メガ

　　　　　⑦ k　　⑧ キロ　　⑨ m

　　　　　⑩ ミリ　　⑪ μ　　⑫ マイクロ

　　　　　⑬ n　　⑭ ナノ　　⑮ p

　　　　　⑯ ピコ

8　教科書の式（1・2）を使う。

$$I = \frac{V}{R} = \frac{12}{5 \times 10^3} = 2.4 \times 10^{-3}\,A = 2.4\,mA$$

（答）　$I = 2.4\,mA$

9　教科書の式（1・3）を使う。

$$V = RI = 3 \times 10^3 \times 4 \times 10^{-3} = 12\,V$$

（答）　$12\,V$

10　教科書の式（1・4）を使う。

$$R = \frac{V}{I} = \frac{60}{3} = 20\,\Omega$$

（答）　$20\,\Omega$

11　電源電圧が $9\,V$ で負荷に加わる電圧は $3\,V$ であるから，抵抗 R に加わる電圧を V_R とすれば

$$V_R = 9 - 3 = 6\,V$$

となる。

　　回路に流れる電流を I とすると，その大きさは $50\,mA$ なので，抵抗 R は次のように求められる。

$$R = \frac{V_R}{I} = \frac{6}{50 \times 10^{-3}} = 120\,\Omega$$

（答）　$R = 120\,\Omega$

12　(1)　直列接続の合成抵抗 R を教科書の式（1・11）を使って求める。

$$R = R_1 + R_2 = 20 + 40 = 60\,\Omega$$

　　(2)　(1) で求めた $R = 60\,\Omega$ を使い，教科書の式（1・2）を使って I を求める。

$$I = \frac{V}{R} = \frac{12}{60} = 0.2\,A$$

　　(3)　抵抗で分圧された電圧を教科書の式（1・3）を使って求める。

$$V_1 = R_1 I = 20 \times 0.2 = 4\,V$$
$$V_2 = R_2 I = 40 \times 0.2 = 8\,V$$

　　　　また，教科書の式（1・13）（1・14）を使って求めてもよい。

（答）　(1)　$R = 60\,\Omega$　(2)　$I = 0.2\,A$

　　　　(3)　$V_1 = 4\,V$,　$V_2 = 8\,V$

13　(1)　直列接続の合成抵抗 R を教科書の式（1・11）を使って求める。

$$R = R_1 + R_2 + R_3 = 50 + 20 + 30 = 100\,\Omega$$

　　(2)　(1) で求めた $R = 100\,\Omega$ を使い，教科書の式（1・2）から I を求める。

$$I = \frac{V}{R} = \frac{200}{100} = 2\,A$$

　　(3)　抵抗で分圧された電圧を教科書の式（1・3）を使う。

$$V_1 = R_1 I = 50 \times 2 = 100\,V$$
$$V_2 = R_2 I = 20 \times 2 = 40\,V$$
$$V_3 = R_3 I = 30 \times 2 = 60\,V$$

（答）　(1)　$R = 100\,\Omega$　(2)　$I = 2\,A$

　　　　(3)　$V_1 = 100\,V$,　$V_2 = 40\,V$,　$V_3 = 60\,V$

14　並列接続された抵抗の合成抵抗 R を教科書の式（1・21）を使って求める。

$$R = \frac{1}{\dfrac{1}{R_1} + \dfrac{1}{R_2}} = \frac{R_1 R_2}{R_1 + R_2} = \frac{40 \times 60}{40 + 60} = 24\,\Omega$$

　　求めた R を使って電源電圧 V を式（1・3）から求める。

$$V = RI = 24 \times 8 = 192\,V$$

　　並列接続された抵抗にはどちらも同じ電圧 V がかかるので，分流された電流は式（1・2）から

$$I_1 = \frac{V}{R_1} = \frac{192}{40} = 4.8\,\text{A}$$

$$I_2 = \frac{V}{R_2} = \frac{192}{60} = 3.2\,\text{A}$$

また，教科書の式（1・23）（1・24）を使って求めてもよい。

（答）$I_1 = 4.8\,\text{A}$, $I_2 = 3.2\,\text{A}$

⑮ (1) 合成抵抗 R は教科書の式（1・22）を使って求める。

$$R = \cfrac{1}{\cfrac{1}{R_1} + \cfrac{1}{R_2} + \cfrac{1}{R_3}} = \cfrac{1}{\cfrac{1}{40} + \cfrac{1}{60} + \cfrac{1}{120}}$$
$$= 20\,\Omega$$

(2) 全電流 I は (1) で求めた $R = 20\,\Omega$ を使って，教科書の式（1・2）から求める。

$$I = \frac{V}{R} = \frac{12}{20} = 0.6\,\text{A}$$

(3) 並列接続された抵抗には同じ大きさの電圧がかかり，この回路の場合は $V = 12\,\text{V}$ を使って，教科書の式（1・2）から求める。

$$I_1 = \frac{V}{R_1} = \frac{12}{40} = 0.3\,\text{A}$$

$$I_2 = \frac{V}{R_2} = \frac{12}{60} = 0.2\,\text{A}$$

$$I_3 = \frac{V}{R_3} = \frac{12}{120} = 0.1\,\text{A}$$

（答） (1) $R = 20\,\Omega$　(2) $I = 0.6\,\text{A}$
　　　 (3) $I_1 = 0.3\,\text{A}$, $I_2 = 0.2\,\text{A}$, $I_3 = 0.1\,\text{A}$

⑯ (1) S が開いているとき，点 ab より右側の回路は電流が流れないため無視できる。よって，回路の合成抵抗 R は 3 つの抵抗の和で求められる。

$$R = 2 + 16 + 2 = 20\,\Omega$$

回路の電源電圧は $V = 60\,\text{V}$ なので，教科書の式（1・2）から次のように求める。

$$I = \frac{V}{R} = \frac{60}{20} = 3\,\text{A}$$

(2) まず，a－b 間の合成抵抗 R_{ab} を求める。2 Ω，12 Ω，2 Ω の抵抗は直列接続になって

いるので，合成抵抗を和で求めると，16 Ω になる。すなわち，a－b 間の抵抗は二つの 16 Ω の抵抗の並列接続になる。よって，合成抵抗は次のように求める。

$$R_{ab} = \frac{16 \times 16}{16 + 16} = 8\,\Omega$$

すると，回路は 2 Ω，8 Ω，2 Ω の直列接続となるので，回路全体の合成抵抗 R は次のようになる。

$$R = 2 + 8 + 2 = 12\,\Omega$$

16 Ω の抵抗に加わる電圧 V_{16} とは，すなわち a－b 間の合成抵抗 R_{ab} に加わる電圧である。電源電圧 $V = 60\,\text{V}$ と合成抵抗 $R = 12\,\Omega$ から，回路に流れる電流 I は

$$I = \frac{V}{R} = \frac{60}{12} = 5\,\text{A}$$

となる。よって，教科書の式（1・3）から V_{16} を求めると次のようになる。

$$V_{16} = R_{ab}I = 8 \times 5 = 40\,\Omega$$

（答） (1) $R = 20\,\Omega$, $I = 3\,\text{A}$
　　　 (2) $R = 12\,\Omega$, $V_{16} = 40\,\text{V}$

⑰ 回路図右側の合成抵抗 R_R について考える。電圧計がもつ抵抗は，その大きさを無限大と考えると電圧計に電流が流れないため無視できる。すると，合成抵抗 R_R は 12 Ω と 6 Ω の並列接続の合成抵抗となる。

$$R_R = \frac{12 \times 6}{12 + 6} = 4\,\Omega$$

R_R にかかる電圧は電圧計の指示値 24 V であるので，回路全体を流れる電流 I は次のように求められる。

$$I = \frac{24}{4} = 6\,\text{A}$$

回路図左側の合成抵抗 R_L は，0 Ω である電流計の抵抗を無視すると次のようになる。

$$R_L = \frac{2 \times 4}{2 + 4} = \frac{4}{3}\,\Omega$$

R_L にかかる電圧 V_L は次のように求める。

$$V_L = R_L I = \frac{4}{3} \times 6 = 8\,\text{V}$$

したがって，電流系の指示値 I_A は次のように
なる。

$$I_A = \frac{8}{2} = 4\,\mathrm{A}$$

（答）　$I_A = 4\,\mathrm{A}$

[18] 電圧計に流れる電流が無視できるほど小さい
とすると，回路図は次のように書くことができ
る。

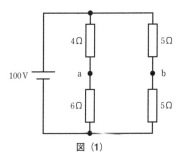

図 **(1)**

電圧計の指示値 V とは a－b 間の電位差なの
で，a 点の電位 V_a と b 点の電位 V_b について考え
る。a 点と b 点に流れる電流をそれぞれ I_a, I_b と
すると，これらは次のように求められる。

$$I_a = \frac{100}{4+6} = 10\,\mathrm{A}$$

$$I_b = \frac{100}{5+5} = 10\,\mathrm{A}$$

V_a は 6 Ω の抵抗で起こる電圧降下と同じ大き
さなので，次のよう求められる。

$$V_a = 6 \times 10 = 60\,\mathrm{V}$$

V_b は 5 Ω の抵抗で起こる電圧降下と同じ大き
さなので，次のよう求められる。

$$V_b = 5 \times 10 = 50\,\mathrm{V}$$

電圧計の指示値 V は V_a と V_b の電位差となるの
で，次のように求められる。

$$V = V_a - V_b = 60 - 50 = 10\,\mathrm{V}$$

（答）　$V = 10\,\mathrm{V}$

[19] 教科書の式（1・27）から求める。

$$R = \rho\frac{1}{S} = 1.69 \times 10^{-8} = \frac{900}{5.5 \times 10^{-6}}$$

$$\fallingdotseq 2.77\,\Omega$$

（答）　$R = 2.77\,\Omega$

[20] まず，直径 $D = 2\,\mathrm{mm}$ から軟銅線の断面積 S を
求める。

$$S = \frac{\pi D^2}{4} = \frac{\pi \times 2^2}{4} = \pi\,\mathrm{mm}^2$$

教科書の式（1・27）から抵抗 R を求める。

$$R = \rho\frac{1}{S} = 1.69 \times 10^{-8} \times \frac{200}{\pi \times 10^{-6}} \fallingdotseq 1.08\,\Omega$$

（答）　$R = 1.08\,\Omega$

[21] 教科書の式（1・27）から，抵抗 R_A と R_B を求
める。

$$R_A = \rho\frac{20}{2 \times 10^{-6}} = 10\,\rho \times 10^{-6}\,\Omega$$

$$R_B = \rho\frac{40}{8 \times 10^{-6}} = 5\,\rho \times 10^{-6}\,\Omega$$

$$\therefore\ I = \frac{B}{R_A} = \frac{5\,\rho \times 10^{-6}}{10\,\rho \times 10^{-6}} = \frac{1}{2}$$

これより，抵抗 R_B は抵抗 R_A の 1/2 倍である
ことが分かる。

（答）　1/2 倍

[22] 教科書の式（1・32）から求める。

$$R_{10} = R_{20}\{1 + \alpha_{20}(T-20)\}$$
$$= 5 \times \{1 + 38 \times 10^{-4} \times (10-20)\} = 4.81\,\Omega$$

（答）　$R_{10} = 4.81\,\Omega$

[23] （答）　① コンデンサ　② 静電容量
　　　③ ファラド　④ 交流
　　　⑤ 直流　⑥ 雑音（ノイズ）
　　　⑦ 直流成分

[24] （答）　① コイル　② インダクタンス
　　　③ ヘンリー　④ 直流
　　　⑤ 交流　⑥ アンテナ
　　　⑦ 変圧回路

1 二つの電荷間に働く静電力の大きさ F〔N〕は教科書の式（2・3）に代入して求める。

$$F = \frac{1}{4\pi\varepsilon_0} \cdot \frac{Q_1 Q_2}{r^2}$$

$$= \frac{1}{4\pi \times 8.85 \times 10^{-12}} \cdot \frac{5 \times 10^{-7} \times (-8 \times 10)^{-7}}{(2 \times 10^{-2})^2}$$

$$\fallingdotseq -9\,\mathrm{N}$$

異種の電荷なので吸引力が働く。

（答） $F = -9\,\mathrm{N}$，吸引力

2 電束密度 D〔C/m²〕は教科書の式（2・12）に代入して求める。

$$D = \frac{\psi}{S} = \frac{0.4}{8 \times 10^{-4}} = 500\,C/m^2$$

（答） $D = 500\,\mathrm{C/m^2}$

3 電束密度 D〔C/m²〕は教科書の式（2・13）に代入して求める。

$$D = \varepsilon_0 E = 8.85 \times 10^{-12} \times 12$$

$$\fallingdotseq 1.06 \times 10^{-10}\,C/m^2$$

（答） $D = 1.06 \times 10^{-10}\,\mathrm{C/m^2}$

4 電束密度 D_r〔C/m²〕は教科書の式（2・17）に代入して求める。

$$D = \varepsilon_r \varepsilon_0 E = 7 \times 8.85 \times 10^{-12} \times 12$$

$$\fallingdotseq 7.44 \times 10^{-10}\,C/m^2$$

（答） $D_r = 7.44 \times 10^{-10}\,\mathrm{C/m^2}$

5 金属板間の距離 l〔m〕は，教科書の式（2・15）を距離 l を求める式に変形し，これに代入して求める。

$$l = \frac{V}{E} = \frac{500 \times 10^{-3}}{20} = 0.025\,\mathrm{m} = 2.5\,\mathrm{cm}$$

（答） $l = 2.5\,\mathrm{cm}$

6 静電容量 C〔μF〕は教科書の式（2・19）に代入して求める。

$$C = \frac{Q}{V} = \frac{7.2 \times 10^{-5}}{7.2} = 10 \times 10^{-6}\,\mathrm{F} = 10\,\mu\mathrm{F}$$

（答） $C = 10\,\mu\mathrm{F}$

7 静電容量 C〔F〕は教科書の式（2・21）に代入して求める。

$$C = \varepsilon_0 \frac{S}{l} = 8.85 \times 10^{-12} \times \frac{1 \times (10^{-2})^2}{2 \times 10^{-3}}$$

$$\fallingdotseq 4.43 \times 10^{-13}\,F$$

（答） $C = 4.43 \times 10^{-13}\,\mathrm{F}$

8 静電容量 C_r〔F〕は教科書の式，（2・23）に代入して求める。

$$C_r = \varepsilon_r C = 3 \times 4.43 \times 10^{-13} = 13.29 \times 10^{-13}\,F$$

（答） $C_r = 13.29 \times 10^{-13}\,\mathrm{F}$

9 コンデンサの静電容量は，教科書の式（2・22）より比誘電率 ε_r と面積 S に比例する。面積が半分（1/2），比誘電率 ε_r が3なので，これらをかける（1/2×3）と静電容量はもとの1.5倍になる。

（答） 1.5 倍

10 並列接続したコンデンサの合成静電容量 C〔μF〕は教科書の式（2・25）に代入して求める。コンデンサの静電容量を C_0 とする。

$$C = C_0 + C_0 + C_0 = 3C_0 = 3 \times 47 \times 10^{-6}$$

$$= 141 \times 10^{-6}\,F = 141\,\mu F$$

（答） $C = 141\,\mu\mathrm{F}$

11 直列接続したコンデンサの合成静電容量 C〔μF〕は教科書の式（2・31）に代入して求める。コンデンサの静電容量を C_0 とする。

$$C = \frac{1}{\dfrac{1}{C_0} + \dfrac{1}{C_0} + \dfrac{1}{C_0}} = \frac{1}{\dfrac{3}{C_0}} = \frac{C_0}{3}$$

$$= \frac{33 \times 10^{-6}}{3} = 11 \times 10^{-6}\,F = 11\,\mu F$$

（答） $C = 11\,\mu\mathrm{F}$

12 (1) 合成静電容量 C〔μF〕は，教科書の式（2・24）と（2・30）に代入して求める。

$$C = C_2 + C_{1.6} + \frac{C_6 \times C_4}{C_6 + C_4} = 2 + 1.6 + \frac{6 \times 4}{6 + 4}$$

$$= 6\,\mu F$$

(2) 静電容量 $6\,\mu F$ のコンデンサの両端の電圧 V_6 〔V〕は，教科書の式 $(2 \cdot 32)$ もしくは $(2 \cdot 33)$ に代入して求める。なお，$6\,\mu F$ と $4\,\mu F$ のコンデンサの合成静電容量を $C_{64}\,\mu F$ とする。

$$V_6 = \frac{C_{64}}{C_6}\,V = \frac{2.4}{6} \times 20 = 8\,V$$

(3) 静電容量 $4\,\mu F$ のコンデンサに蓄えられる電荷 Q_4 〔C〕は，教科書の式 $(2 \cdot 18)$ に代入して求める。

$$Q_4 = C_4 V_4 = 4 \times 10^{-6} \times (20-8)$$
$$= 48 \times 10^{-6}\,C = 48\,\mu C$$

（答） **(1)** $C = 6\,\mu F$ **(2)** $V_6 = 8\,V$

(3) $Q_4 = 48\,\mu C$

$\boxed{13}$ 静電容量 C_2 〔F〕と C_3 〔F〕の並列接続の合成静電容量 C_{23} 〔F〕を求める。

$$C_{23} = C_2 + C_3\,\text{〔F〕}$$

静電容量 C_1 〔F〕と C_{23} 〔F〕の直列接続の電圧分担は，教科書の式 $(2 \cdot 32)$ もしくは $(2 \cdot 33)$ の考え方で求める。

$$V_{23} = \frac{C_1}{C_1 + C_{23}}\,V = \frac{C_1}{C_1 + (C_2 + C_3)}\,V\,\text{〔V〕}$$

コンデンサ C_2 に蓄えられる電荷 Q_2 の値は，次式のように求められる。

$$Q_2 = C_2 V_{23} = C_2 \times \frac{C_1}{C_1 + (C_2 + C_3)}\,V$$
$$= \frac{C_1 C_2}{C_1 + (C_2 + C_3)}\,V\,\text{〔C〕}$$

（答） $Q_2 = \dfrac{C_1 C_2 V}{C_1 + C_2 + C_3}$ 〔C〕

$\boxed{14}$ 端子電圧 V 〔kV〕は教科書の式 $(2 \cdot 18)$ より V を求める式に変形し，その式に代入して求める。

$$V = \frac{Q}{C} = \frac{0.8}{10 \times 10^{-6}} = 80 \times 10^3\,V = 80\,kV$$

電界のエネルギー W 〔kJ〕は教科書の式 $(2 \cdot 38)$ に代入して求める。

$$W = \frac{1}{2}CV^2 = \frac{1}{2} \times 10 \times 10^{-6} \times (80 \times 10^3)^2$$

$$= 32 \times 10^3\,J = 32\,kJ$$

（答） $V = 80\,kV,\ W = 32\,kJ$

$\boxed{15}$ $3\,kV/mm = 3\,000\,000\,V/m$ なので
$$3\,000\,000 \times 3 \times 10^{-2} = 90\,000\,V$$
$$= 90\,kV = 9\,万\,V$$

（答） $9\,万\,V$

3章　インダクタンスと磁気現象

$\boxed{1}$ 2つの磁極間に働く力の大きさ F 〔N〕は教科書の式 $(3 \cdot 2)$ に代入して求める。

$$F = \frac{1}{4\pi\mu_0} \times \frac{m_1 m_2}{r^2}$$

$$\fallingdotseq 6.33 \times 10^4 \times \frac{3.68 \times 10^{-4} \times 2.35 \times 10^{-4}}{(0.1)^2}$$

$$\fallingdotseq 0.55\,N$$

磁極間に働く力は，点磁極が＋と＋で同種の極どうしなので反発力となる。

（答） $F = 0.55\,N$，反発力

$\boxed{2}$ 距離 r 〔m〕は，教科書の式 $(3 \cdot 2)$ を距離 r を求める式に変形し，それに代入して求める。

$$r = \sqrt{\frac{1}{4\pi\mu_0} \times \frac{m_1 m_2}{F}}$$

$$\fallingdotseq \sqrt{6.33 \times 10^4 \times \frac{2.65 \times 10^{-6} \times 8.37 \times 10^{-6}}{3.51 \times 10^{-3}}}$$

$$\fallingdotseq 0.02\,m = 2\,cm$$

（答） $r = 2\,cm$

$\boxed{3}$ 磁界の強さ H 〔A/m〕は教科書の式 $(3 \cdot 2)$ において $m_1 = m$，$m_2 = 1$ として求める。

$$H = \frac{1}{4\pi\mu_0} \times \frac{m}{r^2}$$

$$\fallingdotseq 6.33 \times 10^4 \times \frac{5.4 \times 10^{-6}}{(0.2)^2} \fallingdotseq 8.55\,A/m$$

磁束密度 B 〔T〕は教科書の式 $(3 \cdot 9)$ に代入して求める。

$$B = \mu_0 H = 4\pi \times 10^{-7} \times 8.55 \fallingdotseq 1.07 \times 10^{-5}\,T$$

（答） $H = 8.55\,A/m,\ B = 1.07 \times 10^{-5}\,T$

4 磁束密度 B 〔T〕は，教科書の式（3・9）に代入して求める。

$$B = \mu_0 H = 4\pi \times 10^{-7} \times 15.92 \fallingdotseq 20 \times 10^{-6}\,\text{T}$$

0.09 Wb の磁極 m に働く力 F は，教科書の式（3・4）に代入して求める。

$$F = mH = 0.49 \times 15.92 \fallingdotseq 7.8\,\text{N}$$

（答） $B = 20 \times 10^{-6}\,\text{T},\ F = 7.8\,\text{N}$

5 1 Wb の磁極からは $\dfrac{1}{\mu}$ 本の磁力線と 1 本の磁束が出る（または入る）。

（答） 磁力線 $\dfrac{3m}{\mu}$ 本，磁束 $3m$ 本

6 コイルの中心に生じる磁界の強さ H 〔A/m〕は，教科書の式（3・11）に代入して求める。

$$H = \frac{IN}{2r} = \frac{10 \times 30}{2 \times 0.2} = 750\,\text{A/m}$$

（答） $H = 750\,\text{A/m}$

7 円形コイルに流れる電流 I 〔A〕は，教科書の式（3・11）を電流 I を求める式に変形し，これに代入して求める。

$$I = \frac{H2r}{N} = \frac{2\,000 \times 2 \times 5 \times 10^{-2}}{100} = 2\,\text{A}$$

（答） $I = 2\,\text{A}$

8 コイルの中心に生じる磁界の強さ H 〔A/m〕は，教科書の式（3・11）より求める。

$$H = \frac{IN}{2r}\ \text{〔A/m〕}$$

真空の透磁率が μ_0 〔H/m〕であるから，磁束密度 B 〔T〕は，教科書の式（3・9）より求める。

$$B = \mu_0 H = \frac{\mu_0 IN}{2r}\ \text{〔T〕}$$

（答） $B = \dfrac{\mu_0 IN}{2r}$ 〔T〕

9 磁界の強さ H 〔A/m〕は教科書の式（3・12）に代入して求める。

$$H = \frac{I}{2\pi r} = \frac{670 \times 10^{-3}}{2\pi \times 3 \times 10^{-2}} \fallingdotseq 3.55\,\text{A/m}$$

（答） $H = 3.55\,\text{A/m}$

10 磁界の強さ H 〔A/m〕は教科書の式（3・13）に代入して求める。

$$H = \frac{IN}{2\pi r} = \frac{0.6 \times 250}{2\pi \times 15 \times 10^{-2}} \fallingdotseq 159.15\,\text{A/m}$$

次に，磁束密度 B 〔T〕は式（3・9）に代入して求める。

$$B = \mu_0 H = 4\pi \times 10^{-7} \times 159.15 \fallingdotseq 2.00 \times 10^{-4}\,\text{T}$$

（答） $H = 159.15\,\text{A/m},\ B = 2.00 \times 10^{-4}\,\text{T}$

11 無限長円筒コイルであるから，コイルの直径にかかわらずコイル内の磁界の強さは一定である。磁界の強さ H 〔A/m〕は教科書の式（3・15）に代入して求める。

$$H = In = 800 \times 10^{-3} \times 6 \times 10^{2} = 480\,\text{A/m}$$

（答） $H = 480\,\text{A/m}$

12 透磁率 μ は教科書の式（3・16）より

$$\mu = \mu_r \mu_0 = 1\,000 \times 4\pi \times 10^{-7} \fallingdotseq 1.26 \times 10^{-3}\,\text{H/m}$$

（答） $\mu = 1.26 \times 10^{-3}\,\text{H/m}$

13 起磁力 F_m は教科書の式（3・23）より

$$F_\text{m} = IN = 4.5 \times 1\,500 = 6\,750\,\text{A}$$

（答） $F_\text{m} = 6\,750\,\text{A}$

14 (1) 磁気抵抗 R_m は次式で表すことができる。

$$R_\text{m} = \frac{l}{\mu S}\ \text{〔H}^{-1}\text{〕}\quad \text{ただし，}\ \mu = \mu_r \mu_0\ \text{〔H/m〕}$$

鉄心の磁気抵抗は

$$R_\text{m1} = \frac{l_1}{\mu_r \mu_0 S}$$

$$= \frac{(2\pi \times 20 - 1.2) \times 10^{-2}}{1\,500 \times 4\pi \times 10^{-7} \times 6 \times (10^{-2})^2}$$

$$\fallingdotseq 1.10 \times 10^{6}\,\text{H}^{-1}$$

エアギャップの磁気抵抗は

$$R_\text{m2} = \frac{l_2}{\mu_0 S} = \frac{1.2 \times 10^{-2}}{4\pi \times 10^{-7} \times 6 \times (10^{-2})^2}$$

$$\fallingdotseq 15.92 \times 10^{6}\,\text{H}^{-1}$$

(2) 起磁力 F_m を求める。

$$F_m = IN = 5 \times 2\,000 = 10\,000 \text{ A}$$

合成磁気抵抗 R_m を求める。

$$R_m = R_{m1} + R_{m2} = 1.10 \times 10^6 + 15.92 \times 10^6$$
$$= 17.02 \times 10^6 \text{ H}^{-1}$$

磁束 Φ 〔Wb〕は教科書の式（3・25）に代入して求める。

$$\Phi = \frac{F_m}{R_m} = \frac{10\,000}{17.02 \times 10^6} \fallingdotseq 5.88 \times 10^{-4} \text{ Wb}$$

(3) 磁束密度 B 〔T〕は教科書の式（3・7）に代入して求める。

$$B = \frac{\Phi}{S} = \frac{5.88 \times 10^{-4}}{6 \times (10^{-2})^2} = 0.98 \text{ T}$$

(4) 鉄心内の磁界の強さ H_1〔A/m〕は，教科書の式（3・19）を磁界の強さ H を求める式に変形し，これに代入して求める。

$$H_1 = \frac{B}{\mu_r \mu_0} = \frac{0.98}{1\,500 \times 4\pi \times 10^{-7}} \fallingdotseq 520 \text{ A/m}$$

（答）(1) $R_{m1} = 1.10 \times 10^6 \text{ H}^{-1}$
$R_{m2} = 15.92 \times 10^6 \text{ H}^{-1}$
(2) $\Phi = 5.88 \times 10^{-4} \text{ Wb}$
(3) $B = 0.98 \text{ T}$
(4) $H_1 = 520 \text{ A/m}$

$\boxed{15}$ (1) 電磁力 F〔N〕は教科書の式（3・27）に代入して求める。

$$F = BIl = 1.5 \times 20 \times 0.2 = 6 \text{ N}$$

(2) 導体に生じる電磁力の方向は，フレミングの左手の法則より上向きとなる。

（答）(1) $F = 6 \text{ N}$
(2) ① フレミングの左手 ② 上

$\boxed{16}$ トルク T〔N·m〕は教科書の式（3・31）に代入して求める。

$$T = NBIld \cos\theta$$
$$= 1 \times 2 \times 7 \times 0.35 \times 0.2 \times \cos 30°$$
$$\fallingdotseq 0.85 \text{ N·m}$$

（答）$T = 0.85 \text{ N·m}$

$\boxed{17}$ 導体 1 m ごとに働く電磁力 F〔N〕は教科書の式（3・34）に代入して求める。

$$F = \frac{2I_1I_2}{r} \times 10^{-7} = \frac{2 \times 3 \times 3}{0.1} \times 10^{-7}$$
$$= 1.8 \times 10^{-5} \text{ N}$$

導体に働く電磁力の向きは，教科書の図 3・32 より反発力となる。

（答）$F = 1.8 \times 10^{-5} \text{ N},$ 反発力

$\boxed{18}$ コイルに生じる誘導起電力 e〔V〕は教科書の式（3・35）に代入して求める。

$$e = N\frac{\Delta\Phi}{\Delta t} = 700 \times \frac{9 \times 10^{-2} - 2 \times 10^{-2}}{80 \times 10^{-3}}$$
$$= 612.5 \text{ V}$$

（答）$e = 612.5 \text{ V}$

$\boxed{19}$ 導体中に生じる誘導起電力 e〔V〕は教科書の式（3・37）に代入して求める。

$$e = Blv = 0.8 \times 25 \times 10^{-2} \times 10 = 2 \text{ V}$$

（答）$e = 2 \text{ V}$

$\boxed{20}$ (1) 誘導起電力 e〔V〕は教科書の式（3・38）に代入して求める。

$$e = Blv \sin\theta = 1.5 \times 10 \times 10^{-2} \times 10 \times \sin 30°$$
$$= 0.75 \text{ V}$$

(2) 導体に発生する誘導起電力の方向は，フレミングの右手の法則より $\otimes$ となる。

（答）(1) $e = 0.75 \text{ V}$
(2) ① フレミングの右手 ② $\otimes$

$\boxed{21}$ 自己インダクタンス L〔mH〕は，教科書の式（3・40）において誘導起電力 e を絶対値として扱い，自己インダクタンス L を求める式に変形し，これに代入して求める。

$$L = e\frac{\Delta t}{\Delta I} = 3 \times 10^{-3} \times \frac{50 \times 10^{-3}}{10 \times 10^{-3}}$$
$$= 15 \times 10^{-3} \text{ H} = 15 \text{ mH}$$

（答）$L = 15 \text{ mH}$

$\boxed{22}$ 自己インダクタンス L〔H〕は教科書の式（3・41）に代入して求める。

$$L = \frac{N\Phi}{I} = \frac{500 \times 0.01}{2.5} = 2 \text{ H}$$

（答）　$L = 2\,\text{H}$

24 23　環状コイルの自己インダクタンス L_r〔H〕は教科書の式 (3・44) に代入して求める。

$$L_r = \mu_r \mu_0 \frac{S}{l} N^2$$

$$= 1.5 \times 10^3 \times 4\pi \times 10^{-7} \times \frac{3 \times (10^{-2})^2}{50 \times 10^{-2}} \times 600^2$$

$$\fallingdotseq 0.407\,\text{H} = 407\,\text{mH}$$

（答）　$L_r = 407\,\text{mH}$

24　もとの自己インダクタンスを L，変更後の自己インダクタンスを L' として，教科書の式 (3・43) により求める。

$$\frac{L'}{L} = \frac{\mu_0 \dfrac{S}{2l} (2N)^2}{\mu_0 \dfrac{S}{l} N^2} = 2$$

（答）　2 倍

25　自己インダクタンス L'〔mH〕は教科書の式 (3・46) に代入して求める。ただし，1 m 当たりの巻数は，$n = \dfrac{250}{10 \times 10^{-2}}$ 回である。

$$L = \mu_0 S n^2$$

$$= 4\pi \times 10^{-7} \times 8 \times (10^{-2})^2 \times \left(\frac{250}{10 \times 10^{-2}}\right)^2$$

$$= 6.28 \times 10^{-3}\,\text{H/m} = 6.28\,\text{mH/m}$$

（答）　$L' = 6.28\,\text{mH/m}$

26　誘導起電力 e_2 は教科書の式 (3・53) に代入して求める。ただし，答えは大きさだけ考えるものとする。

$$e_2 = M \frac{\varDelta I_1}{\varDelta t} = 700 \times 10^{-3} \times \frac{1.5 - 500 \times 10^{-3}}{0.1}$$

$$= 7\,\text{V}$$

（答）　$e = 7\,\text{V}$

27　相互インダクタンス M〔mH〕は，教科書の式 (3・53) を相互インダクタンス M を求める式に変形し，これに代入して求める。ただし，答えは

大きさだけ考えるものとする。

$$M = e_2 \frac{\varDelta t}{\varDelta I_1} = 0.3 \times \frac{1}{\dfrac{1\,000}{40 \times 10^{-3}}}$$

$$= 7.5 \times 10^{-3}\,\text{H} = 7.5\,\text{mH}$$

（答）　$M = 7.5\,\text{mH}$

28　一次コイルの自己インダクタンス L_1〔H〕は教科書の式 (3・41) に代入して求める。

$$L_1 = \frac{N_1 \Phi_1}{I_1} = \frac{1\,000 \times 6 \times 10^{-3}}{4} = 1.5\,\text{H}$$

両コイル間の相互インダクタンス M〔H〕は教科書の式 (3・54) に代入して求める。

$$M = \frac{N_2 \Phi_m}{I_1} = \frac{800 \times 4 \times 10^{-3}}{4} = 0.8\,\text{H}$$

（答）　$L_1 = 1.5\,\text{H}$，$M = 0.8\,\text{H}$

29　鉄心入り環状コイルの相互インダクタンス M〔H〕は，教科書の式 (3・56) に代入して求める。

$$M = \mu_r \mu_0 \frac{S}{l} N_1 N_2$$

$$= \mu_r (4\pi \times 10^{-7}) \frac{\pi r^2}{l} N_1 N_2$$

$$= 1\,200 \times 4\pi \times 10^{-7} \times \frac{\pi \times (3 \times 10^{-2})^2}{85 \times 10^{-2}}$$

$$\times 2\,000 \times 1\,000$$

$$\fallingdotseq 10\,\text{H}$$

（答）　$M = 10\,\text{H}$

30　両コイルの相互インダクタンス M〔mH〕は教科書の式 (3・60) に代入して求める。

$$M = \sqrt{L_1 L_2} = \sqrt{64 \times 36} = 48\,\text{mH}$$

結合係数 k が 0.8 のとき，両コイルの相互インダクタンス M_k〔mH〕は教科書の式 (3・61) に代入して求める。

$$M_k = k\sqrt{L_1 L_2} = 0.8 \times \sqrt{64 \times 36} = 38.4\,\text{mH}$$

（答）　$M = 48\,\text{mH}$，$M_k = 38.4\,\text{mH}$

31　まず，このコイルの相互インダクタンス M〔mH〕を教科書の式 (3・61) に代入して求める。

$$M = k\sqrt{L_1 L_2} = 1 \times \sqrt{9 \times 16} = 12\,\text{mH}$$

したがって，和動接続の合成インダクタンス L〔mH〕は式 (3・67) より

$$L = L_1 + L_2 + 2M = 9 + 16 + 2 \times 12 = 49 \text{ mH}$$

差動接続の合成インダクタンス L〔mH〕は式 (3・70) より

$$L = L_1 + L_2 - 2M = 9 + 16 - 2 \times 12 = 1 \text{ mH}$$

（答）　和動接続 49 mH，差動接続 1 mH

$\boxed{32}$　エネルギー W〔J〕は教科書の式 (3・74) に代入して求める。

$$W = \frac{1}{2}LI^2 = \frac{1}{2} \times 10 \times 10^{-3} \times 0.3^2$$
$$\fallingdotseq 4.5 \times 10^{-4} \text{ J}$$

（答）　$W = 4.5 \times 10^{-4} \text{ J}$

4章　直流回路

$\boxed{1}$　(1)　接続点 a に流れ込む電流 $= I_1 + I_2$〔A〕，接続点 a から流れ出す電流 $= 1.5$ A となり，キルヒホッフの第一法則より，次のようになる。

$$I_1 + I_2 = 1.5 \text{ A}$$

(2)　閉回路 I を破線の向きにたどると，起電力の和 $= E - 10$ V，電圧降下の和 $= 8I_1 - 6I_2$〔V〕となり，キルヒホッフの第二法則より，次のようになる。

$$E - 10 = 8I_1 - 6I_2$$

(3)　右側の閉回路を右回りにたどって，これにキルヒホッフの第二法則を適用する。

$$10 - 4 = 6I_2 + 2.8 \times 1.5$$
$$I_2 = 0.3 \text{ A}$$

(4)　(3) の答を (1) の答の式に代入して電流 I_1〔A〕を求める。

$$I_1 + 0.3 = 1.5 \text{ A}$$
$$I_1 = 1.2 \text{ A}$$

次に I_1, I_2 を (2) の答えの式に代入して起電力 E〔V〕を求める。

$$E - 10 = 8 \times 1.2 - 6 \times 0.3$$
$$E = 17.8 \text{ V}$$

（答）　(1)　$I_1 + I_2 = 1.5$ A　(2)　$E - 10 = 8I_1 - 6I_2$
　　　(3)　$I_2 = 0.3$ A　(4)　$E = 17.8$ V

$\boxed{2}$　キルヒホッフの第一法則を適用する。

$$I_1 + I_3 = I_2$$

閉回路 I にキルヒホッフの第二法則を適用する。

$$-10I_1 + 20I_3 = 14$$

閉回路 II にキルヒホッフの第二法則を適用する。

$$4I_2 + 20I_3 = 20$$

これらの 3 式を連立方程式で解いて各電流を求める。

（答）　$I_1 = 0.2$ A，$I_2 = 1$ A，$I_3 = 0.8$ A

$\boxed{3}$　キルヒホッフの第一法則を適用する。

$$I_1 + I_3 = I_2$$

閉回路 I にキルヒホッフの第二法則を適用する。

$$4I_1 - 20I_3 = 12$$

閉回路 II にキルヒホッフの第二法則を適用する。

$$2I_2 + 20I_3 = 4$$

これらの 3 式を連立方程式で解いて各電流を求める。

（答）　$I_1 = 2.70$ A，$I_2 = 2.60$ A，$I_3 = -0.06$ A

$\boxed{4}$　キルヒホッフの第一法則を適用する。

$$I_1 + I_2 = I_3$$

閉回路 I にキルヒホッフの第二法則を適用する。

$$6I_1 + 2I_3 = 8$$

閉回路 II にキルヒホッフの第二法則を適用する。

$$I_2 + 2I_3 = 2$$

これらの 3 式を連立方程式で解いて各電流を求める。

（答）　$I_1 = 1$ A，$I_2 = 0$ A，$I_3 = 1$ A

$\boxed{5}$　a 点にキルヒホッフの第一法則を適用する。

$$I_1 + I_2 + I_3 = 0$$

閉回路 I にキルヒホッフの第二法則を適用する。

$$8I_1 - 4I_2 = 12$$

閉回路 II にキルヒホッフの第二法則を適用する。

$$4I_2 - 4I_3 = -8$$

これらの 3 式を連立方程式で解いて各電流を求める。

（答）　$I_1 = 0.8\,A,\ I_2 = -1.4\,A,\ I_3 = 0.6\,A$

⑥　未知抵抗 R_x〔Ω〕は，教科書の式 (4・9) に代入して求める。

$$R_x = \frac{10 \times 30}{15} = 20\,\Omega$$

（答）　$R_x = 20\,\Omega$

⑦　未知抵抗 R_x〔Ω〕は，教科書の式 (4・9) に代入して求める。

$$R_x = \frac{300 \times 160}{120} = 400\,\Omega$$

（答）　$R_x = 400\,\Omega$

⑧　まず，教科書の式 (4・10) を，電流 I を求める式に変形して，回路を流れる電流を求める。

$$I = \frac{E}{(R+r)} = \frac{1.6}{(9.8+0.2)} = 0.16\,A$$

起電力 $E = 1.6\,V$，内部抵抗 $r = 0.2\,\Omega$，電流 $I = 0.16\,A$ であるから，端子電圧 V〔V〕は，教科式 (4・12) に代入して求める。

$$V = E - rI = 1.6 - 0.2 \times 0.16 \fallingdotseq 1.57\,V$$

（答）　$V = 1.57\,V$

⑨　分流器の抵抗 R_S〔Ω〕は，教科書の式 (4・18) に代入して求める。

$$R_S = \frac{r}{m-1} = \frac{r}{\dfrac{I}{I_a}-1} = \frac{1}{\dfrac{30}{5}-1} = 0.2\,\Omega$$

（答）　$R_S = 0.2\,\Omega$

⑩　直列抵抗器の抵抗 R_m〔kΩ〕は，教科書の式 (4・21) に代入して求める。

$$R_m = (n-1)r = \left(\frac{V}{V_1}-1\right)r$$

$$= \left(\frac{300}{10}-1\right) \times 3\,000 = 87\,000\,\Omega = 87\,k\Omega$$

（答）　$R_m = 87\,k\Omega$

⑪　$V = rI = 3 \times 10 = 30 = 30\,mV$

27 Ω の直列抵抗器を接続したときは，教科書の式 (4・19) に代入して求める。

$$V = \left(1 + \frac{R_m}{r}\right)V_1 = \left(1 + \frac{27}{3}\right) \times 30 = 300\,mV$$

（答）　30 mV，300 mV

⑫　発生する熱量 Q〔kJ〕は教科書の式 (4・22) に代入して求める。

$$Q = RI^2t = 60 \times 1.5^2 \times 4 \times 60 = 32\,400\,J$$
$$= 32.4\,kJ$$

（答）　$Q = 32.4\,kJ$

⑬　発生する熱量 Q〔kJ〕は教科書の式 (4・22) に代入して求める。

$$Q = RI^2t = 0.5 \times 10^2 \times 1 \times 60 \times 60 = 180\,000\,J$$
$$= 180\,kJ$$

（答）　$Q = 180\,kJ$

⑭　まず，回路の合成抵抗 R〔Ω〕を求める。

$$R = 4 + \frac{\left(6 + \dfrac{3 \times 6}{3+6}\right) \times 8}{\left(6 + \dfrac{3 \times 6}{3+6}\right) + 8} = 8\,\Omega$$

回路を流れる全電流 I〔A〕を教科書の式 (1・2) に代入して求める。

$$I = \frac{V}{R} = \frac{60}{8} = 7.5\,A$$

8 Ω の抵抗を流れる電流 I_2〔A〕を教科書の式 (1・24) に代入して求める。

$$I_2 = \frac{R}{R_8}I = \frac{4}{8} \times 7.5 = 3.75\,A$$

8 Ω の抵抗の消費電力 P〔W〕は教科書の式 (4・24) に代入して求める。

$$P = R_8 I^2 = 8 \times 3.75^2 = 112.5\,W$$

（答）　$P = 112.5\,W$

15 (1) 抵抗 R 〔Ω〕は，教科書の式 (4・26) を抵抗 R を求める式に変形し，それに代入して求める。

$$R = \frac{V^2}{P} = \frac{100^2}{2 \times 10^3} = 5 \ \Omega$$

(2) 電流 I 〔A〕は，オームの法則に代入して求める。

$$I = \frac{V}{R} = \frac{100}{5} = 20 \ A$$

(3) 電力量 W_p 〔kW·h〕は，電力 P 〔kW〕× 時間 t 〔h〕で求める。

$$W_p = Pt = 2 \times 2.5 = 5 \ kW \cdot h$$

(4) 熱量 Q 〔J〕は，教科書の式 (4・22) に代入して求める。

$$Q = RI^2 t = 5 \times 20^2 \times 2.5 \times 60 \times 60$$
$$= 1.8 \times 10^7 \ J$$

(答) (1) $R = 5 \ \Omega$ (2) $I = 20 \ A$
(3) $W_p = 5 \ kW \cdot h$ (4) $Q = 1.8 \times 10^7 \ J$

16 (1) 電力 P 〔W〕は教科書の式 (4・25) に代入して求める。

$$P = VI = 100 \times 8 = 800 \ W$$

(2) 抵抗 R 〔Ω〕は，オームの法則に代入して求める。

$$R = \frac{V}{I} = \frac{100}{8} = 12.5 \ \Omega$$

(3) 熱量 Q 〔J〕は，教科書の式 (4・22) に代入して求める。

$$Q = RI^2 t = 12.5 \times 8^2 \times 3 \times 60 \times 60$$
$$= 8.64 \times 10^6 \ J$$

(4) 電力量 W_p 〔kW·h〕は，電力 P 〔kW〕× 時間 t 〔h〕で求める。

$$W_p = Pt = 0.8 \times 3 = 2.4 \ kW \cdot h$$

(答) (1) $P = 800 \ W$ (2) $R = 12.5 \ \Omega$
(3) $Q = 8.64 \times 10^6 \ J$ (4) $W_p = 2.4 \ kW \cdot h$

17 (1) 電流 I 〔A〕は，教科書の式 (4・25) を，電流 I を求める式に変形し，それに代入して求める。

$$I = \frac{P}{V} = \frac{1.6 \times 10^3}{200} = 8 \ A$$

(2) 抵抗 R 〔Ω〕は，オームの法則に代入して求める。

$$R = \frac{V}{I} = \frac{200}{8} = 25 \ \Omega$$

(3) 熱量 Q 〔J〕は，教科書の式 (4・22) に代入して求める。

$$Q = RI^2 t = 25 \times 8^2 \times 4 \times 60 \times 60 \fallingdotseq 23 \times 10^6 \ J$$
$$= 23 \ MJ$$

(4) $4.2 \times (85 - 20) \times 2000 = 1.6 \times 10^3 \times t \times 0.4$
上式から
$$t = 853.125 \ 秒 \fallingdotseq 853 \ 秒$$
$$= 14 \ 分 \ 13 \ 秒 \fallingdotseq 14 \ 分$$

(答) (1) $I = 8 \ A$ (2) $R = 25 \ \Omega$ (3) $Q = 23 \ MJ$
(4) $t = 14 \ min$

18 ゼーベック効果では熱起電力と熱電流が生じ，ペルチエ効果では発熱と吸熱が起こる。

(答) ① ゼーベック ② 熱起電力 ③ 熱電流
④ ペルチエ

19 一次電池は充電できないが，二次電池は充電でき再び使用できる。

(答) ① 一次 ② 二次

5章 交流の基礎

1 (答) ① 周期的 ② 正弦波交流
③ 周期 ④ 周波数
⑤ ヘルツ

2 (答) (1) 方形波 (2) 三角波
(3) のこぎり波
(4) 半波整流波形
(5) 全波整流波形

3 波形から周期 $T = 0.2 \ s$ であることが分かる。周波数 f は教科書の式 (5・2) から求める。

$$f = \frac{1}{T} = \frac{1}{0.2} = 5 \ Hz$$

(答) $T = 0.2 \ s, \ f = 5 \ Hz$

4 教科書の式 (5・1) から求める。

(1) $T = \dfrac{1}{100} = 0.01\,\text{s}$

(2) $T = \dfrac{1}{10\times10^3} = 0.1\times10^{-3}\,\text{s} = 0.1\,\text{ms}$

(3) $T = \dfrac{1}{10\times10^6} = 0.1\times10^{-6}\,\text{s} = 0.1\,\text{μs}$

(4) $T = \dfrac{1}{2.5\times10^9} = 0.4\times10^{-9}\,\text{s} = 0.4\,\text{ns}$

(答) (1) $T = 0.01\,\text{s}$　(2) $T = 0.1\,\text{ms}$
　　(3) $T = 0.1\,\text{μs}$　(4) $T = 0.4\,\text{ns}$

5 教科書の式 (5・2) から求める。

(1) $f = \dfrac{1}{0.1} = 10\,\text{Hz}$

(2) $f = \dfrac{1}{10\times10^{-3}} = 100\,\text{Hz}$

(3) $f = \dfrac{1}{0.5\times10^{-6}} = 2\times10^6\,\text{Hz} = 2\,\text{MHz}$

(4) $T = \dfrac{1}{20\times10^{-9}} = 50\times10^6\,\text{Hz} = 50\,\text{MHz}$

(答) (1) $f = 10\,\text{Hz}$　(2) $f = 100\,\text{Hz}$
　　(3) $f = 2\,\text{MHz}$　(4) $T = 50\,\text{MHz}$

6 (答) ① 弧度法　② 度数法
　　③ 円弧　④ 角速度
　　⑤ 角周波数　⑥ 瞬時値
　　⑦ 最大値　⑧ ピークピーク値
　　⑨ 振幅　⑩ 平均値　⑪ 実効値
　　⑫ 位相　⑬ 位相角　⑭ 位相差
　　(④と⑤は順不同)

7 (答) (1) 60°　(2) 36°　(3) 105°
　　(4) 540°　(5) $2\pi\,\text{rad}$
　　(6) $\dfrac{\pi}{9}\,\text{rad}$　(7) $\dfrac{2\pi}{3}\,\text{rad}$
　　(8) $\dfrac{3\pi}{2}\,\text{rad}$

8 教科書の式 (5・10) より，瞬時値は次の式で表される。

$i = I_m \sin \omega t\,\text{[A]}$

ここで，$\omega = 2\pi f$ (教科書の式 (5・9)) から上式は次のように書ける。

$i = I_m \sin 2\pi f t\,\text{[A]}$

最大値 I_m と周波数 f を代入すると次のようになる。

$i = 10 \sin 100\pi t\,\text{[A]}$

(答) $i = 10 \sin 100\pi t\,\text{[A]}$

9 (1) 波形から読み取る。
　　$E_m = 141\,\text{V}$

(2) 教科書の式 (5・15) から次のように求める。

$E = \dfrac{E_m}{\sqrt{2}} = \dfrac{141}{\sqrt{2}} \fallingdotseq 99.7\,\text{V}$

(3) 波形から読み取る。
　　$T = 0.02\,\text{s}$

(4) 教科書の式 (5・2) から求める。

$f = \dfrac{1}{T} = \dfrac{1}{0.02} = 50\,\text{Hz}$

(5) 教科書の式 (5・9) から求める。
　　$\omega = 2\pi f = 2\pi\times50 = 100\pi\,\text{rad/s}$

(6) 教科書の式 (5・11) から求める。
　　$e = E_m \sin \omega t = 141 \sin 100\pi t\,\text{[V]}$

(7) (6) で求めた瞬時値の式に t を代入する。
　　$e = 141 \sin(100\pi\times2.5) \fallingdotseq 99.7\,\text{V}$

(答) (1) $E_m = 141\,\text{V}$　(2) $E = 99.7\,\text{V}$
　　(3) $T = 0.02\,\text{s}$　(4) $f = 50\,\text{Hz}$
　　(5) $\omega = 100\pi\,\text{rad/s}$
　　(6) $e = 141 \sin 100\pi t\,\text{[V]}$　(7) $e = 99.7\,\text{V}$

10 教科書の式 (5・12) から求める。

(1) $I_a = \dfrac{2}{\pi} I_m = \dfrac{2}{\pi}\times10 \fallingdotseq 6.37\,\text{A}$

(2) $I_a = \dfrac{2}{\pi}\times25 \fallingdotseq 15.9\,\text{A}$

(3) $I_a = \dfrac{2}{\pi}\times\pi = 2\,\text{A}$

(答) (1) $I_a = 6.37\,\text{A}$　(2) $I_a = 15.9\,\text{A}$
　　(3) $I_a = 2\,\text{A}$

$\boxed{11}$ 教科書の式 (5・15) から求める。

(1) $V = \dfrac{V_m}{\sqrt{2}} = \dfrac{10}{\sqrt{2}} \fallingdotseq 7.07\,\mathrm{V}$

(2) $V = \dfrac{25}{\sqrt{2}} \fallingdotseq 17.7\,\mathrm{V}$

(3) $V = \dfrac{100\sqrt{2}}{\sqrt{2}} = 100\,\mathrm{V}$

(答) (1) $V = 7.07\,\mathrm{V}$ (2) $V = 17.6\,\mathrm{V}$
(3) $V = 100\,\mathrm{V}$

$\boxed{12}$ 周波数 f は教科書の式 (5・9) を変形して次のように求められる。

$$f = \dfrac{\omega}{2\pi}$$

(1) 最大値 $100\sqrt{2} \fallingdotseq 141\,\mathrm{V}$

実効値 $\dfrac{100\sqrt{2}}{\sqrt{2}} = 100\,\mathrm{V}$

周波数 $\dfrac{120\pi}{2\pi} = 60\,\mathrm{Hz}$

(2) 最大値 $50\,\mathrm{V}$

実効値 $\dfrac{50}{\sqrt{2}} \fallingdotseq 35.4\,\mathrm{V}$

周波数 $\dfrac{120\pi}{2\pi} = 60\,\mathrm{Hz}$

(1) に対する (2) の位相差は

$-\dfrac{\pi}{4} - \dfrac{\pi}{3} = \dfrac{-7\pi}{12}\,\mathrm{rad}$

(2) の交流は (1) の交流より $\dfrac{7\pi}{12}\,\mathrm{rad}$ 遅れている。

(答) (1) 最大値 $141\,\mathrm{V}$,実効値 $100\,\mathrm{V}$,周波数 $60\,\mathrm{Hz}$
(2) 最大値 $50\,\mathrm{V}$,実効値 $35.4\,\mathrm{V}$,周波数 $60\,\mathrm{Hz}$
(1) に対する (2) の位相差 $\dfrac{7\pi}{12}\,\mathrm{rad}$,遅れている。

$\boxed{13}$ (1) 実効値 V は教科書の式 (5・15) から求める。

$V = \dfrac{V_m}{\sqrt{2}} = \dfrac{141.4}{\sqrt{2}} \fallingdotseq 100\,\mathrm{V}$

周波数 f は教科書の式 (5・9) を変形して次のように求められる。

$f = \dfrac{\omega}{2\pi} = \dfrac{100\pi}{2\pi} = 50\,\mathrm{Hz}$

(2) v の位相角は 0,i は v より $\dfrac{\pi}{6}$ だけ遅れて変化しているので位相角は $-\dfrac{\pi}{6}$。

よって,位相差 $= -\dfrac{\pi}{6} - 0 = -\dfrac{\pi}{6}$,$i$ は v より位相が遅れている。

(答) (1) 実効値 $100\,\mathrm{V}$,周波数 $50\,\mathrm{Hz}$
(2) 位相差 $-\dfrac{\pi}{6}\,\mathrm{rad}$,遅れている

$\boxed{14}$ $\cos$ 波は $\sin$ 波よりも位相が $\dfrac{\pi}{2}\,\mathrm{rad}$ 進んでいるので,電流 i を $\sin$ 波に書きかえると次のようになる。

$$i = \sqrt{2}\,I\cos\left(\omega t + \dfrac{\pi}{6}\right)$$
$$= \sqrt{2}\,I\sin\left(\omega t + \dfrac{\pi}{6} + \dfrac{\pi}{2}\right)$$
$$= \sqrt{2}\,I\sin\left(\omega t + \dfrac{2\pi}{3}\right)\,\mathrm{[A]}$$

よって,電圧 e に対する電流 i の位相差を求めると

$$位相差 = \dfrac{2\pi}{3} - \dfrac{\pi}{4} = \dfrac{5\pi}{12}\,\mathrm{rad}$$

となる。

(答) i は e よりも $\dfrac{5\pi}{12}\,\mathrm{rad}$ 位相が進んでいる

6章 交流回路の電流・電圧・電力

$\boxed{1}$ (答) ① スカラ量 ② ベクトル量
③ 直交座標表示 ④ (a,b)
⑤ 極座標表示 ⑥ $A\angle\theta$
⑦ 偏角

2 (1) 図で表すと次のようになる。

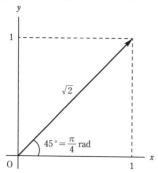

(2) 図で表すと次のようになる。

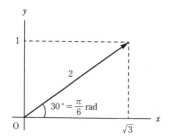

(答) (1) 直交座標表示 (1,1)

極座標表示 $\sqrt{2} \angle \dfrac{\pi}{4}$

(2) 直交座標表示 $(\sqrt{3},1)$

極座標表示 $\angle \dfrac{\pi}{6}$

3 (1) $\dot{A}+\dot{B}=(8,3)+(4,2)=(8+4,3+2)$
$=(12,5)$

(2) $\dot{A}-\dot{B}=(8,3)-(4,2)=(8-4,3-2)$
$=(4,1)$

(3) $3\dot{A}=3(8,3)=(3\times8,3\times3)=(24,9)$

(4) $2\dot{A}-4\dot{B}=2(8,3)-4(4,2)$
$=(16,6)-(16,8)=(0,-2)$

(答) (1) (12,5)　(2) (4,1)　(3) (24,9)

(4) (0,−2)

4 教科書の式 (5・15) から実効値 V を求める。

$$V=\frac{100\sqrt{2}}{\sqrt{2}}=100\text{ V}$$

位相角は$-\theta$ なので，教科書の式 (6・22) を使って交流 e をベクトル $\dot{V}$ で表すと次のようになる。

$$\dot{V}=100\angle-\theta \text{ (V)}$$

(答) $\dot{V}=100\angle-\theta$ (V)

5 極座標表示は 4 と同様に考える。

(答) $\dot{V}=100\angle\dfrac{\pi}{6}$ (V)

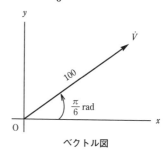

ベクトル図

6 (答) (1)

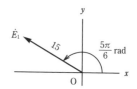

(2)

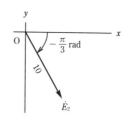

(3)

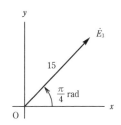

(4)

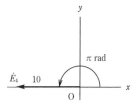

$\boxed{7}$ （答） ① 同相　② $\dfrac{\pi}{2}$　③ 遅れた

④ 誘導性リアクタンス　⑤ オーム

⑥ $\dfrac{\pi}{2}$　⑦ 進んだ

⑧ 容量性リアクタンス　⑨ オーム

$\boxed{8}$ (1)　最大値 V_m は $100\sqrt{2}$ であり，実効値 V は教科書の式（5・15）から求める。

$$V = \frac{V_m}{\sqrt{2}} = \frac{100\sqrt{2}}{\sqrt{2}} = 100\ \text{V}$$

(2)　教科書の式（6・26）から，次のように求める。

$$I = \frac{V}{R} = \frac{100}{50} = 2\ \text{A}$$

(3)　教科書の式（6・25）から，次のように求める。

$$i = \sqrt{2}\ I \sin \omega t = 2\sqrt{2}\ \sin \omega t\ \text{A}$$

（答）　(1) $V = 100\ \text{V}$　(2) $I = 2\ \text{A}$

(3) $i = 2\sqrt{2}\ \sin \omega t$ 〔A〕

$\boxed{9}$ (1)　最大値 V_m は $50\sqrt{2}$ であり，実効値 V は教科書の式（5・15）から求める。

$$V = \frac{V_m}{\sqrt{2}} = \frac{50\sqrt{2}}{\sqrt{2}} = 50\ \text{V}$$

(2)　教科書の式（6・32）から，次のように求める。

$$I = \frac{V}{\omega L} = \frac{50}{10} = 5\ \text{A}$$

(3)　教科書の式（6・31）から，次のように求める。

$$i = \sqrt{2}\ I \sin\left(\omega t - \frac{\pi}{2}\right)$$

$$= 5\sqrt{2}\ \sin\left(\omega t - \frac{\pi}{2}\right)\ \text{〔A〕}$$

（答）　(1) $V = 50\ \text{V}$　(2) $I = 5\ \text{A}$

(3) $i = 5\sqrt{2}\ \sin\left(\omega t - \dfrac{\pi}{2}\right)$ 〔A〕

$\boxed{10}$　角周波数 ω は 120π rad/s であり，教科書の式（6・33）から次のように求める。

$$X_L = \omega L = 120\pi \times 0.2 \fallingdotseq 75.4\ \Omega$$

交流 v の実効値 V は次のように求められる。

$$V = \frac{v_m}{\sqrt{2}} = \frac{50\sqrt{2}}{\sqrt{2}} = 50\ \text{V}$$

電流 I は教科書の式（6・35）から次のように求める。

$$I = \frac{V}{X_L} = \frac{50}{75.4} = 0.663\ \text{A}$$

（答）　$X_L = 75.4\ \Omega$，$I = 0.663\ \text{A}$

$\boxed{11}$　誘導性リアクタンス X_L は周波数 f に比例する。$f = 50$ Hz のとき $X_L = 10\ \Omega$ なので，比例定数は

$$\frac{10}{50} = \frac{1}{5}\ \text{となる。これより，}\ f = 60\ \text{Hz のときの}$$

X_L は，次のように求められる。

$$X_L = \frac{1}{5} \times 60 = 12\ \Omega$$

（答）　$X_L = 12\ \Omega$

$\boxed{12}$　教科書の式（6・35）の式を変形して，誘導性リアクタンス X_L を求める。

$$X_L = \frac{V}{I} = \frac{10}{100 \times 10^{-3}} = 100\ \Omega$$

教科書の式 (6・33) を変形して周波数 f を求める。

$$f = \frac{X_L}{2\pi L} = \frac{100}{2\pi \times 10 \times 10^{-3}} \fallingdotseq 1.59\,\text{kHz}$$

（答） $f = 1.59\,\text{kHz}$

13 (1) 最大値 V_m は $100\sqrt{2}$ であり，実効値 V は教科書の式 (5・15) から求める。

$$V = \frac{V_m}{\sqrt{2}} = \frac{100\sqrt{2}}{\sqrt{2}} = 100\,\text{V}$$

(2) 教科書の式 (6・45) から，次のように求める。

$$I = \frac{V}{X_C} = \frac{100}{10} = 10\,\text{A}$$

(3) 教科書の式 (6・40) から，次のように求める。

$$i = \sqrt{2}\,I \sin\left(\omega t + \frac{\pi}{2}\right)$$
$$= 10\sqrt{2}\,\sin\left(\omega t + \frac{\pi}{2}\right)\,\text{〔A〕}$$

（答） (1) $V = 100\,\text{V}$　(2) $I = 10\,\text{A}$

(3) $i = 10\sqrt{2}\,\sin\left(\omega t + \frac{\pi}{2}\right)\,\text{〔A〕}$

14 角周波数 ω は 100π rad/s であり，教科書の式 (6・43) から次のように求める。

$$X_C = \frac{1}{\omega C} = \frac{1}{100\pi \times 100 \times 10^{-6}} \fallingdotseq 31.8\,\Omega$$

交流 v の実効値 V は次のように求められる。

$$V = \frac{v_m}{\sqrt{2}} = \frac{100\sqrt{2}}{\sqrt{2}} = 100\,\text{V}$$

電流 I は教科書の式 (6・44) から次のように求める。

$$I = \frac{V}{X_C} = \frac{100}{31.8} \fallingdotseq 3.14\,\text{A}$$

（答） $X_C = 31.8\,\Omega$, $I = 3.14\,\text{A}$

15 容量性リアクタンス X_C は周波数 f に反比例する。$f = 50$ Hz のとき $X_C = 12\,\Omega$ なので，比例定数は $12 \times 50 = 600$ となる。これより，$f = 60$ Hz のときの X_C は，次のように求められる。

$$X_C = \frac{600}{60} = 10\,\Omega$$

（答） $10\,\Omega$

16 教科書の式 (6・44) の式を変形して，誘導性リアクタンス X_C を求める。

$$X_C = \frac{V}{I} = \frac{10}{100 \times 10^{-3}} = 100\,\Omega$$

教科書の式 (6・43) を変形して周波数 f を求める。

$$f = \frac{1}{2\pi C X_C} = \frac{1}{2\pi \times 10 \times 10^{-6} \times 100} \fallingdotseq 159\,\text{Hz}$$

（答） $f = 159\,\text{Hz}$

17 （答） ① インピーダンス　② Ω
③ 誘導性　④ 容量性
⑤ インピーダンス角
⑥ インピーダンス三角形

18 (1) 教科書の式 (6・49) を使って求める。
$$Z = \sqrt{R^2 + (\omega L)^2} = \sqrt{4^2 + 3^2} = 5\,\Omega$$

(2) 教科書の式 (6・50) を使って求める。

$$\theta = \tan^{-1}\frac{\omega L}{R} = \tan^{-1}\frac{3}{4} \fallingdotseq 0.644\,\text{rad}$$

(3) 教科書の式 (6・49) を変形して求める。

$$I = \frac{V}{Z} = \frac{100}{5} = 20\,\text{A}$$

(4) V_R は教科書の式 (6・26) を使って求める。

$$V_R = RI = 4 \times 20 = 80\,\text{V}$$

V_L は教科書の式 (6・34) を使って求める。

$$V_L = \omega L I = 3 \times 20 = 60\,\text{V}$$

（答） (1) $Z = 5\,\Omega$　(2) $\theta = 0.644\,\text{rad}$
(3) $I = 20\,\text{A}$　(4) $V_R = 80\,\text{V}$, $V_L = 60\,\text{V}$

19 (1) 教科書の式 (6・54) を使って求める。

$$Z = \sqrt{R^2 + \left(\omega L - \frac{1}{\omega C}\right)^2} = \sqrt{8^2 + 6^2} = 10\,\Omega$$

(2) 教科書の式 (6・55) を使って求める。

$$\theta = \tan^{-1}\frac{1}{\omega C R} = \tan^{-1}\frac{6}{8} \fallingdotseq 0.644\,\text{rad}$$

(3) 教科書の式（6・54）を変形して求める。

$$I = \frac{V}{Z} = \frac{100}{10} = 10\,\text{A}$$

(4) V_R は教科書の式（6・26）を使って求める。

$$V_R = RI = 8 \times 10 = 80\,\text{V}$$

V_C は教科書の式（6・45）を使って求める。

$$V_C = \frac{I}{\omega C} = 6 \times 10 = 60\,\text{V}$$

（答）　(1) $Z = 10\,\Omega$　(2) $\theta = 0.644\,\text{rad}$
　　　　(3) $I = 10\,\text{A}$　(4) $V_R = 80\,\text{V},\ V_C = 60\,\text{V}$

20　(1)　X_L は教科書の式（6・33）を使って求める。

$$X_L = 2\pi f L = 2\pi \times 1 \times 10^3 \times 3.18 \times 10^{-3} \fallingdotseq 20\,\Omega$$

X_C は教科書の式（6・44）を使って求める。

$$X_C = \frac{1}{2\pi f C} = \frac{1}{2\pi \times 1 \times 10^3 \times 15.9 \times 10^{-6}}$$
$$\fallingdotseq 10\,\Omega$$

(2)　教科書の式（6・59）を使って求める。

$$Z = \sqrt{R^2 + (X_L - X_C)^2}$$
$$= \sqrt{17.3^2 + (20.0 - 10.0)^2} \fallingdotseq 20\,\Omega$$

(3)　教科書の式（6・60）を使って求める。

$$\theta = \tan^{-1}\frac{X_L - X_C}{R} = \tan^{-1}\frac{20.0 - 10.0}{17.3}$$
$$= 0.524\,\text{rad}$$

(4)　教科書の式（6.59）を変形して求める。

$$I = \frac{V}{Z} = \frac{10}{20.0} = 0.5\,\text{A}$$

(5)　V_R は教科書の式（6・26）を使って求める。

$$V_R = RI = 17.3 \times 0.5 = 8.65\,\text{V}$$

V_L は教科書の式（6・34）を使って求める。

$$V_L = X_L I = 20.0 \times 0.5 = 10\,\text{V}$$

V_C は教科書の式（6・45）を使って求める。

$$V_C = X_C I = 10.0 \times 0.5 = 5\,\text{V}$$

(6)　$X_L > X_C$ なので、回路は誘導性となる。

（答）　(1) $X_L = 20\,\Omega,\ X_C = 10\,\Omega$　(2) $Z = 20\,\Omega$
　　　　(3) $\theta = 0.524\,\text{rad}$　(4) $I = 0.5\,\text{A}$
　　　　(5) $V_R = 8.65\,\text{V},\ V_L = 10\,\text{V},\ V_C = 5\,\text{V}$
　　　　(6) 誘導性

21　(1)　教科書の式（6・64）を使って求める。

$$Z = \frac{1}{\sqrt{\left(\dfrac{1}{R}\right)^2 + \left(\dfrac{1}{\omega L}\right)^2}}$$

$$= \frac{1}{\sqrt{\left(\dfrac{1}{4}\right)^2 + \left(\dfrac{1}{5}\right)^2}} \fallingdotseq 3.12\,\Omega$$

(2)　教科書の式（6・65）を使って求める。

$$\theta = \tan^{-1}\frac{R}{\omega L} = \tan^{-1}\frac{4}{5} \fallingdotseq 0.675\,\text{rad}$$

(3)　教科書の式（6・64）を変形して求める。

$$I = \frac{V}{Z} = V \cdot \sqrt{\left(\frac{1}{R}\right)^2 + \left(\frac{1}{\omega L}\right)^2}$$

$$= 10 \times \sqrt{\left(\frac{1}{4}\right)^2 + \left(\frac{1}{5}\right)^2} \fallingdotseq 3.20\,\text{A}$$

(4)　R と ωL にはそれぞれ同じ大きさの電圧 V がかかるので、次のように求められる。

$$I_R = \frac{V}{R} = \frac{10}{4} = 2.5\,\text{A}$$

$$I_L = \frac{V}{\omega L} = \frac{10}{5} = 2\,\text{A}$$

（答）　(1) $Z = 3.12\,\Omega$　(2) $\theta = 0.675\,\text{rad}$
　　　　(3) $I = 3.20\,\text{A}$　(4) $I_R = 2.5\,\text{A},\ I_L = 2\,\text{A}$

22　(1)　教科書の式（6・69）を使って求める。

$$Z = \frac{1}{\sqrt{\left(\dfrac{1}{R}\right)^2 + (\omega C)^2}}$$

$$= \frac{1}{\sqrt{\left(\dfrac{1}{20}\right)^2 + \left(\dfrac{1}{10}\right)^2}} \fallingdotseq 8.94\,\Omega$$

(2)　教科書の式（6・70）を使って求める。

$$\theta = \tan^{-1}\omega C R = \tan^{-1}\left(\frac{20}{10}\right) \fallingdotseq 1.11\,\text{rad}$$

(3)　教科書の式（6・69）を変形して求める。

$$I = \frac{V}{Z} = V \cdot \sqrt{\left(\frac{1}{R}\right)^2 + (\omega C)^2}$$

$$= 10 \times \sqrt{\left(\frac{1}{20}\right)^2 + \left(\frac{1}{10}\right)^2} \fallingdotseq 1.12\,\text{A}$$

(4)　R と $\dfrac{1}{\omega C}$ にはそれぞれ同じ大きさの電

圧 V がかかるので，次のように求められる。

$$I_R = \frac{V}{R} = \frac{10}{20} = 0.5\,\text{A}$$

$$I_C = \omega CV = \frac{10}{10} = 1\,\text{A}$$

（答）　(1) $Z = 8.94\,\Omega$　(2) $\theta = 1.11\,\text{rad}$
　　　　(3) $I = 1.12\,\text{A}$　(4) $I_R = 0.5\,\text{A},\ I_C = 1\,\text{A}$

23　(1)　X_L は教科書の式（6・33）を使って求める。

$$X_L = 2\pi f L = 2\pi \times \frac{1\,000}{\pi} \times 5\times 10^{-3} = 10\,\Omega$$

X_C は教科書の式（6・44）を使って求める。

$$X_C = \frac{1}{2\pi f C}$$

$$= \frac{1}{2\pi \times \dfrac{1\,000}{\pi}\,25\times 10^{-6}} = 20\,\Omega$$

(2)　教科書の式（6・74）を使って求める。

$$Z = \frac{1}{\sqrt{\left(\dfrac{1}{R}\right)^2 + \left(\dfrac{1}{X_C} - \dfrac{1}{X_L}\right)^2}}$$

$$= \frac{1}{\sqrt{\left(\dfrac{1}{20}\right)^2 + \left(\dfrac{1}{20} - \dfrac{1}{10}\right)^2}} \fallingdotseq 14.1\,\Omega$$

(3)　教科書の式（6・75）を使って求める。

$$\theta = \tan^{-1}\left(\frac{1}{X_C} - \frac{1}{X_L}\right)R$$

$$= \tan^{-1}\left(\frac{1}{20} - \frac{1}{10}\right)\times 20 \fallingdotseq -0.785\,\text{rad}$$

(4)　教科書の式（6.74）を変形して求める。

$$I = \frac{V}{Z} = V\sqrt{\left(\frac{1}{R}\right)^2 + \left(\frac{1}{X_C} - \frac{1}{X_L}\right)^2}$$

$$= 60\sqrt{\left(\frac{1}{20}\right)^2 + \left(\frac{1}{20} - \frac{1}{10}\right)^2} \fallingdotseq 4.24\,\text{A}$$

(5)　$R,\ L,\ C$ には同じ大きさの電圧の電圧がかかるので，$I_R,\ I_L,\ I_C$ は次のように求められる。

$$I_R = \frac{V}{R} = \frac{60}{20} = 3\,\text{A}$$

$$I_L = \frac{V}{X_L} = \frac{60}{10} = 6\,\text{A}$$

$$I_C = \frac{V}{X_C} = \frac{60}{20} = 3\,\text{A}$$

(6)　$\dfrac{1}{X_L} > \dfrac{1}{X_C}$ なので，回路は誘導性となる。

（答）　(1) $X_L = 10\,\Omega,\ X_C = 20\,\Omega$　(2) $Z = 14.1\,\Omega$
　　　　(3) $\theta = -0.785\,\text{rad}$　(4) $I = 4.24\,\text{A}$
　　　　(5) $I_R = 3\,\text{A},\ I_L = 6\,\text{A},\ I_C = 3\,\text{A}$
　　　　(6) **誘導性**

24　（答）　① **交流電力または消費電力**
　　　　② **$VI\cos\theta$**　③ **皮相電力**
　　　　④ **ボルトアンペア**　⑤ **力率**
　　　　⑥ **無効電力**　⑦ **バール**
　　　　⑧ **無効率**

25　回路に流れる電流は次のように求められる。

$$I = \frac{V_X}{X} = \frac{60}{6} = 10\,\text{A}$$

これより，抵抗 R の消費電力 P は次のように求められる。

$$P = V_R I = 80 \times 10 = 800\,\text{W}$$

（答）　$P = 800\,\text{W}$

26　X と X に流れる電流から，電源電圧 V が計算できる。

$$V = XI = 25 \times 4 = 100\,\text{V}$$

これより，抵抗 R の消費電力 P は次のように求められる。。

$$P = VI_R = 100 \times 3 = 300\,\text{W}$$

（答）　$P = 300\,\text{W}$

27　一つの蛍光灯あたりに流れる電流は，教科書の式（6・79）を変形して次の式で求められる。

$$I = \frac{P}{V\cos\theta} \fallingdotseq 0.667\,\text{A}$$

同じ蛍光灯が 6 個並列に接続されているので，回路全体の電流 I は次のように求められる。

$$I = 0.667 \times 6 \fallingdotseq 4.00\,\text{A}$$

（答）　$I = 4.00\,\text{A}$

28 (1) 抵抗には 120 V の電圧がかかるので，I_R は次のようになる。

$$I_R = \frac{V}{R} = \frac{120}{40} = 3\,\text{A}$$

$I = \sqrt{I_R{}^2 + I_X{}^2}$ より，I_X は次のようになる。

$$I_X = \sqrt{I^2 - I_R{}^2} = \sqrt{5^2 - 3^2} = 4\,\text{A}$$

(2) (1) の計算結果から，次のように求められる。

$$X = \frac{V}{I_X} = \frac{120}{4} = 30\,\Omega$$

(3) まず，(2) の計算結果を使ってインピーダンス Z を求める。

$$Z = \frac{1}{\sqrt{\left(\frac{1}{R}\right)^2 + \left(\frac{1}{X}\right)^2}} = 24\,\Omega$$

力率 $\cos\theta$ は教科書の式 (6・81) から次のように求める。

$$\cos\theta = \frac{Z}{R} = \frac{24}{40} = 0.6$$

(4) 教科書の式 (6・79) から次のように求める。

$$P = VI\cos\theta = 120 \times 5 \times 0.6 = 360\,\text{W}$$

(答) (1) $I_R = 3\,\text{A}$，$I_X = 4\,\text{A}$ (2) $X = 30\,\Omega$

(3) 0.6 (4) $P = 360\,\text{W}$

29 (1) 教科書の式 (6・82) から次のように求める。

$$S = VI = 100 \times 10 = 1\,000\,\text{V·A}$$

(2) 教科書の式 (6・87) を変形して求める。

$$Q = \sqrt{S^2 - P^2} = \sqrt{1\,000^2 - 600^2} = 800\,\text{var}$$

(3) S, P, Q は次のような直角三角形で表される。

これより，力率 $\cos\theta$ は次のように求められる。

$$\cos\theta = \frac{P}{S} = \frac{600}{1\,000} = 0.6$$

(4) 回路のインピーダンス Z は次のように求める。

$$Z = \frac{V}{I} = \frac{100}{10} = 10\,\Omega$$

求めた Z を使って，教科書の式 (6・80) を変形して求める。

$$R = Z\cos\theta = 10 \times 0.6 = 6\,\Omega$$

(5) 教科書の式 (6・54) を変形して求める。

$$X_C = \sqrt{Z^2 - R^2} = \sqrt{10^2 - 6^2} = 8\,\Omega$$

(答) (1) $S = 1\,000\,\text{V·A}$ (2) $Q = 800\,\text{var}$

(3) 0.6 (4) $R = 6\,\Omega$ (5) $X_C = 8\,\Omega$

7章　記号法

1 (答) ① j ② 複素数 ③ $\sqrt{a^2+b^2}$

④ $\dfrac{b}{a}$ ⑤ 共役 ⑥ 複素

⑦ ベクトル

2 和 $\dot{A} + \dot{B} = (8-j6) + (3+j4) = 11-j2$

絶対値 $\sqrt{11^2 + (-2)^2} \fallingdotseq 11.2$

差 $\dot{A} - \dot{B} = (8-j6) - (3+j4) = 5-j10$

絶対値 $\sqrt{5^2 + (-10)^2} \fallingdotseq 11.2$

積 $\dot{A} \times \dot{B} = (8-j6)(3+j4) = 24+j32-j18+24$

$= 48+j14$

絶対値 $\sqrt{48^2 + 14^2} = 50$

商 $\dfrac{\dot{A}}{\dot{B}} = \dfrac{(8-j6)}{(3+j4)} = \dfrac{(8-j6)(3-j4)}{3^2+4^2}$

$= \dfrac{24-j32-j18-24}{25} = -j\dfrac{50}{25} = -j2$

絶対値 $\sqrt{0^2 + (-2)^2} = 2$

(答) 和 $\dot{A} + \dot{B} = 11-j2$，絶対値　11.2

差 $\dot{A} - \dot{B} = 5-j10$，絶対値　11.2

積 $\dot{A} \times \dot{B} = 48+j14$，絶対値　50

商 $\dfrac{\dot{A}}{\dot{B}} = -j\dfrac{50}{25} = -j2$，絶対値　2

3 複素数 $\dot{A} = a+jb$ の絶対値 $\sqrt{a^2+b^2}$ および偏

角 $\theta = \tan^{-1}\dfrac{b}{a}$ を用いて複素数 $\dot{A}$ を，$\dot{A} = \dot{A}$ (cos $\theta + j\sin\ \theta$) と表すことができる。これを複素数の極形式表示という。

$\dot{Z}$ の絶対値 $Z = \sqrt{(\sqrt{3})^2 + 1^2} = 2$

偏角 $\theta = \tan^{-1}\dfrac{1}{\sqrt{3}} = \dfrac{\pi}{6}$ rad $= 30°$

$\dot{Z} = 2\left(\cos\ \dfrac{\pi}{6} + j\sin\ \dfrac{\pi}{6}\right)$

$\dot{Z} = 2(\cos 30° + j\sin 30°)$

（答） $\dot{Z}$ の絶対値 $Z = 2$，偏角 $\theta = \dfrac{\pi}{6}$ rad $= 30°$

$\dot{Z} = 2\left(\cos\ \dfrac{\pi}{6} + j\ \sin\ \dfrac{\pi}{6}\right)$

$= 2(\cos 30° + j\ \sin 30°)$

$\boxed{4}$　複素数 $\dot{A} = a + jb$ の絶対値 $\dot{A} = \sqrt{a^2 + b^2}$ および偏角 $\theta = \tan^{-1}\dfrac{b}{a}$ を用いて複素数 $\dot{A}$ を $\dot{A} = A\angle\theta$ と表すことができる。これを複素数の極座標表示という。

(1)　絶対値 $= \sqrt{6^2 + 8^2} = 10$

偏角 $= \tan^{-1}\dfrac{8}{6} \fallingdotseq 0.93$ rad

極座標表示 $10\angle0.93$ rad

(2)　絶対値 $= \sqrt{2^2 + (-4)^2} = \sqrt{20} = 2\sqrt{5}$

偏角 $= \tan^{-1}\dfrac{-4}{2} \fallingdotseq -1.11$ rad

極座標表示 $2\sqrt{5}\angle -1.11$ rad

(3)　絶対値 $= \sqrt{2^2 + (2\sqrt{2})^2} = \sqrt{12} = 2\sqrt{3}$

偏角 $= \tan^{-1}\dfrac{2\sqrt{2}}{2} = \tan^{-1}\sqrt{2} \fallingdotseq 0.96$ rad

極座標表示 $2\sqrt{3}\angle0.96$ rad

(4)　絶対値 $= \sqrt{6^2 + 3^2} = \sqrt{45} = 3\sqrt{5}$

偏角 $= \tan^{-1}\dfrac{3}{6} \fallingdotseq 0.46$ rad

極座標表示 $3\sqrt{5}\angle0.46$ rad

(5)　絶対値 $= \sqrt{0^2 + (-3)^2} = 3$

偏角 $= \tan^{-1} -\infty = -\dfrac{\pi}{2}$ rad

極座標表示 $3\angle -\dfrac{\pi}{2}$ rad

（答）　(1)　絶対値 $= 10$，偏角 $= 0.93$ rad
極座標表示 $= 10\angle0.93$ rad

(2)　絶対値 $= 2\sqrt{5}$，偏角 $= 1.11$ rad
極座標表示 $= 2\sqrt{5}\angle -1.11$ rad

(3)　絶対値 $= 2\sqrt{3}$，偏角 $= 0.96$ rad
極座標表示 $= 2\sqrt{3}\angle0.96$ rad

(4)　絶対値 $= 3\sqrt{5}$，偏角 $= 0.46$ rad
極座標表示 $= 3\sqrt{5}\angle0.46$ rad

(5)　絶対値 $= 3$，偏角 $= \dfrac{\pi}{2}$ rad

極座標表示 $= 3\angle -\dfrac{\pi}{2}$ rad

$\boxed{5}$　$\dot{Z}$ の絶対値 $Z = \sqrt{3^2 + 4^2} = 5$

偏角 $\theta = \tan^{-1}\dfrac{4}{3} \fallingdotseq 53.1°$

（答）　$\dot{Z} = 5\angle53.1°$

$\boxed{6}$　(1)　$A\angle\theta$ の形式

$\dot{E} = 100\angle -\dfrac{\pi}{4}$

a+jb の形式

$\dot{E} = 100\left[\cos\left(-\dfrac{\pi}{4}\right) + j\sin\left(-\dfrac{\pi}{4}\right)\right]$

$= 100\times\dfrac{1}{\sqrt{2}} - j\,100\times\dfrac{1}{\sqrt{2}}$

$= 50\sqrt{2} - j\,50\sqrt{2}$

(2)　$A\angle\theta$ の形式

$\dot{I} = 10\angle\dfrac{\pi}{3}$

a+j b の形式

$\dot{I} = 10\left(\cos\ \dfrac{\pi}{3} + j\sin\ \dfrac{\pi}{3}\right)$

$= 10\times\dfrac{1}{2} + j\,10\times\dfrac{\sqrt{3}}{2} = 5 + j\,5\sqrt{3}$

（答）　(1)　$A\angle\theta$ の形式：$\dot{E} = 100\angle -\dfrac{\pi}{4}$
a+jb の形式：$\dot{E} = 50\sqrt{2} - j50\sqrt{2}$

(2) $A\angle\theta$ の形式 : $\dot{I}=10\angle\dfrac{\pi}{3}$

a+jb の形式 : $\dot{I}=5+j5\sqrt{3}$

$\boxed{7}$ $I=\dfrac{V}{R}=\dfrac{100}{50}=2\,\mathrm{A}$

(答) $\boldsymbol{I=2\,A}$

$\boxed{8}$ $V=RI=10\times10^3\times40\times10^{-3}=400\,\mathrm{V}$

(答) $\boldsymbol{V=400\,V}$

$\boxed{9}$ (1) $X_L=\omega L=2\pi fL=2\times3.14\times50\times1.5$
$\qquad\qquad =471\,\Omega$

(2) $\dot{Z}=\mathrm{j}\omega\mathrm{L}=jX_L=j471\,\Omega$

(3) $\dot{I}=\dfrac{\dot{V}}{\dot{Z}}=\dfrac{100}{j471}=-j0.21\,\mathrm{A}$

(答) (1) $\boldsymbol{X_L=471\,\Omega}$ (2) $\boldsymbol{\dot{Z}=j471\,\Omega}$
$\qquad$ (3) $\boldsymbol{\dot{I}=-j0.21\,A}$

$\boxed{10}$ (1) $X_c=\dfrac{1}{2\pi fC}=\dfrac{1}{2\times3.14\times50\times30\times10^{-6}}$
$\qquad\qquad =106.2\,\Omega$

(2) $\dot{Z}=-jX_C=-j106.2\,\Omega$

(3) $\dot{I}=\dfrac{\dot{V}}{\dot{Z}}=\dfrac{100}{-\mathrm{j}106.2}=j0.94\,\mathrm{A}$

(答) (1) $\boldsymbol{X_C=106.2\,\Omega}$ (2) $\boldsymbol{\dot{Z}=-j106.2\,\Omega}$
$\qquad$ (3) $\boldsymbol{\dot{I}=j0.94\,A}$

$\boxed{11}$ (答) ① $\boldsymbol{R\dot{I}}$ ② $\boldsymbol{j\omega L\dot{I}}$ ③ $\boldsymbol{R+j\omega L}$

④ $\boldsymbol{\sqrt{R^2+(\omega L)^2}}$ ⑤ $\boldsymbol{\dfrac{V}{\sqrt{R^2+(\omega L)^2}}}$

⑥ $\boldsymbol{\dfrac{\omega L}{R}}$ ⑦ $\boldsymbol{遅れた}$ ⑧ $\boldsymbol{誘導性}$

$\boxed{12}$ (1) $X_L=\omega L=2\pi fL$
$\qquad\qquad =2\times3.14\times60\times4\times10^{-3}=1.50\,\Omega$

(2) $\dot{Z}=R+jX_L=10+\mathrm{j}1.50\,\Omega$,
$\qquad Z=\sqrt{R^2+X_L^2}=\sqrt{10^2+1.50^2}=10.1\,\Omega$

(3) $I=\dfrac{V}{Z}=\dfrac{100}{10.1}=9.90\,\mathrm{A}$

(答) (1) $\boldsymbol{X_L=1.50\,\Omega}$

(2) $\dot{Z}=10+j1.50\,\Omega$, $Z=10.1\,\Omega$

(3) $I=9.90\,\mathrm{A}$

$\boxed{13}$ (答) ① $\boldsymbol{R\dot{I}}$ ② $\boldsymbol{-j\dfrac{1}{\omega C}\dot{I}}$

③ $\boldsymbol{R-j\dfrac{1}{\omega C}}$ ④ $\boldsymbol{\sqrt{R^2+\left(\dfrac{1}{\omega C}\right)^2}}$

⑤ $\boldsymbol{\dfrac{V}{\sqrt{R^2+\left(\dfrac{1}{\omega C}\right)^2}}}$ ⑥ $\boldsymbol{\dfrac{1}{\omega CR}}$

⑦ $\boldsymbol{進んだ}$ ⑧ $\boldsymbol{容量性}$

$\boxed{14}$ (1) $X_C=\dfrac{1}{\omega C}=\dfrac{1}{2\pi fC}$
$\qquad\qquad =\dfrac{1}{2\times3.14\times60\times220\times10^{-6}}$
$\qquad\qquad =12.1\,\Omega$

(2) $\dot{Z}=R-jX_C=30-j12.1\,\Omega$
$\qquad Z=\sqrt{R^2+X_C^2}=\sqrt{30^2+12.1^2}=32.3\,\Omega$

(3) $I=\dfrac{V}{Z}=\dfrac{100}{32.3}=3.10\,\mathrm{A}$

(答) (1) $\boldsymbol{X_C=12.1\,\Omega}$

(2) $\boldsymbol{\dot{Z}=30-j12.1\,\Omega}$, $\boldsymbol{Z=32.3\,\Omega}$

(3) $\boldsymbol{I=3.10\,A}$

$\boxed{15}$ (答) ① $\boldsymbol{誘導性}$ ② $\boldsymbol{遅れた}$

③ $\boldsymbol{容量性}$ ④ $\boldsymbol{進んだ}$

⑤ $\boldsymbol{同相}$

$\boxed{16}$ (1) $X_L=\omega L=2\pi fL$
$\qquad\qquad =2\times3.14\times60\times55\times10^{-3}=20.7\,\Omega$

$\qquad X_C=\dfrac{1}{\omega C}=\dfrac{1}{2\pi fC}$

$\qquad\qquad =\dfrac{1}{2\times3.14\times60\times420\times10^{-6}}=6.32\,\Omega$

(2) $\dot{Z}=R+j(X_L-X_C)=20+j(20.7-6.32)$
$\qquad\qquad =20+j14.4\,\Omega$
$\qquad Z=\sqrt{20^2+14.4^2}=24.6\,\Omega$

(3) $I=\dfrac{V}{Z}=\dfrac{100}{24.6}=4.07\,\mathrm{A}$

(4) $V_R=RI=20\times4.07=81.4\,\mathrm{V}$

$$V_L = X_L I = 20.7 \times 4.07 = 84.3 \text{ V}$$
$$V_C = X_C I = 6.32 \times 4.07 = 25.7 \text{ V}$$

(答) (1) $X_L = 20.7 \ \Omega$, $X_C = 6.32 \ \Omega$

(2) $\dot{Z} = 20 + j14.4 \ \Omega$, $Z = 24.6 \ \Omega$

(3) $I = 4.07 \text{ A}$

(4) $V_R = 81.4 \text{ V}$, $V_L = 84.3 \text{ V}$, $V_C = 25.7 \text{ V}$

[17] 図の RLC 直列回路において，電源の周波数が直列共振周波数のとき，回路の電流が最大となる。この周波数は

$$f_0 = \frac{1}{2\pi\sqrt{LC}}$$

$$= \frac{1}{2\pi \times \sqrt{40 \times 10^{-3} \times 0.4 \times 10^{-6}}}$$

$$= 1\,264 \fallingdotseq 1.26 \text{ kHz}$$

(答) $f_0 = 1.26 \text{ kHz}$

[18] (答) ① 同一 ② $\dfrac{\dot{V}}{R}$ ③ $\dfrac{V}{R}$

④ 同相 ⑤ $\dfrac{\dot{V}}{j\omega L}$ ⑥ $\dfrac{V}{\omega L}$

⑦ $\dfrac{\pi}{2}$ ⑧ $j\omega C \dot{V}$ ⑨ $\omega C V$

⑩ $\dfrac{\pi}{2}$ ⑪ $\dot{I}_R + \dot{I}_L + \dot{I}_C$ ⑫ $\dfrac{1}{R}$

⑬ $\dfrac{\dot{V}}{j\omega L}$ ⑭ $j\omega C$ ⑮ $\dot{Y}$

[19] 抵抗に流れる電流 $\dot{I}_R$ 〔A〕は，電源電圧 $\dot{V}$ 〔V〕と等しく，リアクタンスに流れる電流 $\dot{I}_L$ 〔A〕は電源電圧 $\dot{V}$ 〔V〕に対して位相が $\dfrac{\pi}{2}$ 〔rad〕遅れる。したがって

$$\dot{I}_R = 8 \text{ A}, \quad \dot{I}_L = -j6 \text{A}$$

と表される。よって，電流計に流れる電流 $\dot{I}$ 〔A〕は

$$\dot{I} = \dot{I}_R + \dot{I}_L = 8 - j6 \text{A}$$

電流計の指示値は $\dot{I}$ の大きさ I であるから

$$I = \sqrt{8^2 + 6^2} = 10 \text{ A}$$

(答) $I = 10 \text{ A}$

[20] (1) $\dot{I}_R = \dfrac{\dot{V}}{R} = \dfrac{10}{4} = 2.5 \text{ A}$

$$\dot{I}_L = \frac{\dot{V}}{j\omega L} = \frac{10}{j5} = -j2 \text{ A}$$

(2) $\dot{I} = \dot{I}_R + \dot{I}_L = 2.5 - j2 \text{ A}$

$$I = \sqrt{2.5^2 + (-2)^2} = \sqrt{10.25} \fallingdotseq 3.20 \text{ A}$$

(3) $\theta_I = \tan^{-1} \dfrac{-2}{2.5} = -\tan^{-1} \dfrac{2}{2.5} \fallingdotseq 38.7\,°$

$$\fallingdotseq -0.68 \text{ rad}$$

(4) $\dot{Z} = \dfrac{\dot{V}}{\dot{I}} = \dfrac{10}{2.5 - j2}$

$$= \frac{10(2.5 + j2)}{(2.5 - j2)(2.5 + j2)} = \frac{25 + j20}{10.25}$$

$$\fallingdotseq 2.44 + j1.95 \ \Omega$$

$$Z = \sqrt{2.44^2 + 1.95^2} \fallingdotseq \sqrt{9.76} \fallingdotseq 3.12 \ \Omega$$

(答) (1) $\dot{I}_R = 2.5 \text{ A}$, $\dot{I}_L = -j2 \text{ A}$

(2) $\dot{I} = 2.5 - j2 \text{ A}$, $I = 3.20 \text{ A}$

(3) $\theta_I = -0.68 \text{ rad}$ （遅れ位相）

(4) $\dot{Z} = 2.44 + j1.95 \ \Omega$, $Z = 3.12 \ \Omega$

[21] (1) 抵抗のアドミタンス $\dot{Y}_R$ および静電容量のアドミタンス $\dot{Y}_C$ は

$$\dot{Y}_R = \frac{1}{R} = \frac{1}{20} = 0.05 \text{ S}, \quad \dot{Y}_C = \frac{1}{-j\dfrac{1}{\omega C}}$$

$$= \frac{1}{-j10} = j0.1 \text{ S}$$

となる。

よって，回路のアドミタンス $\dot{Y}$ 〔S〕は

$$\dot{Y} = \dot{Y}_R + \dot{Y}_C = 0.05 + j0.1 \text{ S}$$

(2) $\dot{I} = \dot{Y}\dot{V} = (0.05 + j0.1) \times 10 = 0.5 + j \text{ A}$

$$I = \sqrt{0.5^2 + 1^2} = \sqrt{125} \fallingdotseq 1.12 \text{ A}$$

(3) $\theta_I = \tan^{-1} \dfrac{1}{0.5} \fallingdotseq 63.4\,° \fallingdotseq 1.11 \text{ rad}$

(答) (1) $\dot{Y} = 0.05 + j0.1 \text{ S}$

(2) $\dot{I} = 0.5 + j \text{ A}$, $I = 1.12 \text{ A}$

(3) $\theta_I = 1.11 \text{ rad}$ （進み位相）

[22] (1)

(a) $\dot{X}_L = j2\pi f L = j2\pi \times \dfrac{1\,000}{\pi} \times 5 \times 10^{-3}$

$$= j10\ \Omega$$

$$\dot{X}_C = -j\frac{1}{2\pi fC} = -j\frac{1}{2\pi \times \dfrac{1\,000}{\pi} \times 25 \times 10^{-6}}$$

$$= -j\frac{1}{50 \times 10^{-3}} = -j20\ \Omega$$

(b) $\dot{X}_L$ に流れる電流は

$$\dot{I}_L = \frac{\dot{V}}{\dot{X}_L} = \frac{60}{j10} = -j6\ \text{A}$$

$\dot{X}_C$ に流れる電流は

$$\dot{I}_C = \frac{\dot{V}}{\dot{X}_C} = \frac{60}{-j20} = j3\ \text{A}$$

R に流れる電流は

$$\dot{I}_R = \frac{\dot{V}}{R} = \frac{60}{20} = 3\ \text{A}$$

以上より，回路電流 $\dot{I}$ は

$$\dot{I} = \dot{I}_L + \dot{I}_C + \dot{I}_R = -j6 + j3 + 3 = 3 - j3\ \text{A}$$

(c) 電圧 $\dot{V}$ に対する電流 $\dot{I}$ の位相は

$$\theta_I = \tan^{-1}\frac{-3}{3} = -45° \fallingdotseq -0.79\ \text{rad}$$

したがって，電流 $\dot{I}$ は電圧 $\dot{V}$ より $0.79\ \text{rad}$（$45°$）遅れ位相となる。

(2) LC 並列回路の共振周波数（反共振周波数）f_0 は

$$f_0 = \frac{1}{2\pi\sqrt{LC}}$$

$$= \frac{1}{2\pi \times \sqrt{5 \times 10^{-3} \times 25 \times 10^{-6}}}$$

$$\fallingdotseq \frac{1}{2\pi \times 3.54 \times 10^{-4}} \fallingdotseq 450\ \text{Hz}$$

(答) (1) (a) $\dot{X}_L = j10\ \Omega,\ \dot{X}_C = -j20\ \Omega$
      (b) $\dot{I} = 3 - j3\ \Omega$ (c) $\theta_I = -0.79\ \text{rad}$
   (2) $f_0 = 450\ \text{Hz}$

23 (1) $R = 12\ \Omega$ と $\dot{X}_C = -j16\ \Omega$ の直列回路となるから，インピーダンス $\dot{Z}_1$〔Ω〕は

$$\dot{Z}_1 = R + \dot{X}_C = 12 - j16\ \Omega$$

(2) bc 間の電圧が $\dot{V}_{bc} = 100\ \text{V}$ であるから

$$\dot{I}_1 = \frac{\dot{V}_{bc}}{\dot{Z}_1} = \frac{100}{12 - j16}$$

$$= \frac{100(12 + j16)}{(12 - j16)(12 + j16)} = \frac{1\,200 + j1\,600}{144 + 256}$$

$$= \frac{1\,200 + j1\,600}{400} = 3 + j4\ \text{A}$$

(3) $\dot{X}_L = j10\ \Omega$ に流れる電流 $\dot{I}_2$〔A〕は

$$\dot{I}_2 = \frac{\dot{V}_{bc}}{\dot{X}_L} = \frac{100}{j10} = -j10\ \text{A}$$

であるから，求める $\dot{I}$〔A〕は

$$\dot{I} = \dot{I}_1 + \dot{I}_2 = 3 + j4 - j10 = 3 - j6\ \text{A}$$

(4) $\dot{V}_{ab}$〔V〕はリアクタンス $j2$〔Ω〕における電圧降下であるから

$$\dot{V}_{ab} = j2 \times \dot{I} = j2 \times (3 - j6) = 12 + j6\ \text{V}$$

(答) (1) $\dot{Z}_1 = 12 - j16\ \Omega$ (2) $\dot{I}_1 = 3 + j4\ \text{A}$
   (3) $\dot{I} = 3 - j6\ \text{A}$ (4) $\dot{V}_{ab} = 12 + j6\ \text{V}$

24 (1) 並列部分のインピーダンス $\dot{Z}_p$〔Ω〕は

$$\dot{Z}_p = \frac{(20 - j10) \times j10}{(20 - j10) + j10} = \frac{100 + j200}{20}$$

$$= 5 + j10$$

回路のインピーダンス $\dot{Z}$〔Ω〕は，これに 5 Ω の抵抗を加算して

$$\dot{Z} = \dot{Z}_p + 5 = 10 + j10\ \Omega$$

(2) 回路に流れる電流 $\dot{I}$〔A〕は

$$\dot{I} = \frac{\dot{V}}{\dot{Z}} = \frac{100}{10 + j10} = \frac{100(10 - j10)}{(10 + j10)(10 - j10)}$$

$$= \frac{1\,000 - j1\,000}{10^2 + 10^2} = 5 - j5\ \text{A}$$

(3) $R = 5\ \Omega$ の抵抗での電圧降下 $\dot{V}_R$〔V〕は

$$\dot{V}_R = \dot{I}R = (5 - j5) \times 5 = 25 - j25\ \text{V}$$

(4) $R = 20\ \Omega$ に流れる電流 $\dot{I}_R$〔A〕は

$$\dot{I}_R = \dot{I} \times \frac{j10}{(20 - j10) + j10} = (5 - j5) \times \frac{j10}{20}$$

$$= \frac{50 + j50}{20} = 2.5 + j2.5\ \text{A}$$

$\dot{I}_R$ の大きさ I_R〔A〕は

$$I_R = \sqrt{2.5^2 + 2.5^2} = \sqrt{12.5}\ \text{A}$$

$R = 20\ \Omega$ での消費電力 P〔W〕は

$$P = I^2 R = 12.5 \times 20 = 250\ \text{W}$$

(答) (1) $\dot{Z} = 10 + j10\ \Omega$ (2) $\dot{I} = 5 - j5\ \text{A}$
   (3) $\dot{V}_R = 25 - j25\ \text{V}$ (4) $P = 250\ \text{W}$

25 (1)

(a) 回路のインピーダンス $\dot{Z}_1$ 〔Ω〕は

$\dot{Z}_1 = R - jX_C = 3 - j2\ \Omega$

$\dot{Z}_1$ の大きさ Z_1 〔Ω〕は

$Z_1 = \sqrt{R^2 + X_C^2} = \sqrt{3^2 + 2^2} = 3.6\ \Omega$

(b) 回路に流れる電流 I_1 〔A〕は

$I_1 = \dfrac{V}{Z_1} = \dfrac{90}{3.6} = 25\ \mathrm{A}$

(2)

(a) a—b 間の合成リアクタンス $\dot{X}$ 〔Ω〕は

$\dot{X} = \dfrac{j4 \times (-j2)}{j4 + (-j2)} = \dfrac{8}{j2} = -j4\ \Omega$

$\dot{X}$ の大きさ X 〔Ω〕は

$X = \sqrt{4^2} = 4\ \Omega$

(b) 回路のインピーダンス $\dot{Z}_2$ 〔Ω〕は $\dot{Z}_2 = R + jX = 3 - j4\ \Omega$

したがって，回路に流れる電流 I_2 〔A〕は

$I_2 = \dfrac{V}{Z_2} = \dfrac{90}{5} = 18\ \mathrm{A}$

回路の消費電力 P 〔W〕は，抵抗のみで消費されるので

$P = I^2 R = 18^2 \times 3 = 972\ \mathrm{W}$

(答) (1) (a) $Z_1 = 3.6\ \Omega$ (b) $I_1 = 25\ \mathrm{A}$

(2) (a) $X = 4\ \Omega$ (b) $P = 972\ \mathrm{W}$

8章　三相交流

1 (答) ① 三つ　② 対称　③ ゼロ

④ 相　⑤ 三相　⑥ $\sqrt{3}$

⑦ $\dfrac{\pi}{6}$　⑧ $\sqrt{3}$　⑨ $\dfrac{\pi}{6}$

2 Ｙ結線の場合

線間電圧は，$V_{ab} = V_{bc} = V_{ca} = \sqrt{3}\,E_a ≒ 173.2\ \mathrm{V}$

線電流は，$I_a = I_b = I_c = I_A = 10\ \mathrm{A}$

△結線の場合

線間電圧は，$V_{ab} = V_{bc} = V_{ca} = E_a = 100\ \mathrm{V}$

線電流は，$I_a = I_b = I_c = \sqrt{3}\,I_A ≒ 17.3\ \mathrm{A}$

(答) Ｙ結線の場合：$V_{ab} = 173.2\ \mathrm{V}$, $V_{bc} = 173.2\ \mathrm{V}$,

$V_{ca} = 173.2\ \mathrm{V}$, $I_a = 10\ \mathrm{A}$, $I_b = 10\ \mathrm{A}$, $I_c = 10\ \mathrm{A}$

△結線の場合：$V_{ab} = 100\ \mathrm{V}$, $V_{bc} = 100\ \mathrm{V}$, V_{ca}

$= 100\ \mathrm{V}$, $I_a = 17.3\ \mathrm{A}$, $I_b = 17.3\ \mathrm{A}$, $I_c = 17.3\ \mathrm{A}$

3 (答) ① 対称　② 平衡　③ Ｙ

④ 等しい　⑤ 単相　⑥ $\sqrt{3}$

⑦ 等しい　⑧ 単相　⑨ $\sqrt{3}$

⑩ 3

4 Ｙ結線回路では，線間電圧 V と相電圧 V_s，相電流 I_s と線電流 I の間には次の関係がある。

$$\dfrac{V}{\sqrt{3}} = V_s$$

$$I = I_s$$

問題の図 8・2 で，各相を単相回路とみなすと，相電流 I_s は

$$I_s = \dfrac{V_s}{R} = \dfrac{V}{\sqrt{3}\,R}$$

で表される。したがって，線電流 I は

$$I = I_s = \dfrac{V}{\sqrt{3}\,R}$$

となる。

(答) ④

5 インピーダンスの大きさ Z は

$Z = \sqrt{10^2 + 10^2} = 10\sqrt{2}$

線電流 I は

$$I = \dfrac{E_s}{Z} = \dfrac{100}{10\sqrt{2}} = \dfrac{10}{\sqrt{2}} = \dfrac{10\sqrt{2}}{2} = 5\sqrt{2}$$

$≒ 7.07\ \mathrm{A}$

線間電圧 V は相電圧 E_s の $\sqrt{3}$ 倍であるから

$V = \sqrt{3}\,E_s = \sqrt{3} \times 100 ≒ 173.2\ \mathrm{V}$

(答) $I = 7.07\ \mathrm{A}$, $V = 173.2\ \mathrm{V}$

6 △結線回路では，相電圧 V_s と線間電圧 V，相電流 I_s と線電流 I の間には次の関係がある。

$$V_s = V$$

$$I = \sqrt{3}\,I_s$$

問題の図 8・4 で各相を単相回路とみなすと，相電流 I_s は

$$I_s = \dfrac{V}{R}$$

で表される。したがって，線電流 I は

$$I = \sqrt{3}\ I_s = \frac{\sqrt{3}\,V}{R}\ となる。$$

（答）　③

7　インピーダンスの大きさ Z は
$$Z = \sqrt{10^2 + 10^2} = 10\sqrt{2}\ \Omega$$

相電流 I_s は
$$I_s = \frac{E_s}{Z} = \frac{100}{10\sqrt{2}} = \frac{10}{\sqrt{2}} = \frac{10\sqrt{2}}{2}$$
$$= 5\sqrt{2}\ \text{A}$$

線電流 I は相電流 I_s の $\sqrt{3}$ 倍であるから
$$I = 5\sqrt{2} \times \sqrt{3} \fallingdotseq 12.2\ \text{A}$$

線間電圧 V は相電圧 E_s と等しいので
$$V = E_s = 100\ \text{V}$$

（答）　**$I = 12.2\ \text{A}$, $V = 100\ \text{V}$**

8　問題の図 (1) のY-△結線図は，次の図 (1) のY-Y結線に置換される。

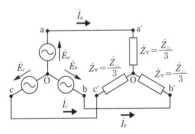

図 (1)　Y-Y 結線

　負荷の△回路を等価のY回路に置換すると，各相のインピーダンス $\dot{Z}_Y$ は
$$\dot{Z}_Y = \frac{\dot{Z}_\triangle}{3} = \frac{27 + j36}{3} = 9 + j12\ \Omega$$

となる。これより，インピーダンスの大きさ Z_Y は
$$Z_Y = \sqrt{9^2 + 12^2} = \sqrt{225} = 15\ \Omega$$

となる。求める線電流 I はY結線の相電流と等しいので
$$I = \frac{E_s}{Z_Y} = \frac{200}{15} \fallingdotseq 13.3\ \text{A}$$

（答）　**$I = 13.3\ \text{A}$**

9　問題の△-Y結線図は，次の図 (2) の△-△結線図に置換される。

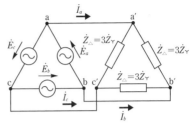

図 (2)　△-△結線

　負荷のY回路を等価の△回路に置換すると，各相のインピーダンス $\dot{Z}_\triangle$ は
$$\dot{Z}_\triangle = 3\dot{Z}_Y = 3(27 + j36) = 81 + j108\ \Omega$$

となる。これより，インピーダンスの大きさ $Z_\triangle$ は
$$Z_\triangle = \sqrt{81^2 + 108^2} = \sqrt{18\,225} = 135\ \Omega$$

となる。図の△-△結線において，負荷の相電流 I_s は電源の相電流と等しく
$$I_s = \frac{E_s}{Z_\triangle} = \frac{200}{135} \fallingdotseq 1.48\ \text{A}$$

線電流 I は相電流 I_s の $\sqrt{3}$ 倍であるから
$$I = \sqrt{3}\ I_s = \sqrt{3} \times 1.48 \fallingdotseq 2.56\ \text{A}$$

（答）　**$I = 2.56\ \text{A}$**

10　（答）　①　和　　②　$\sqrt{3}\ VI \cos \theta$
　　　　　③　$\dfrac{R}{Z}$

11　負荷のインピーダンスの大きさ Z〔Ω〕は
$$Z = \sqrt{R^2 + X^2} = \sqrt{8^2 + 6^2} = \sqrt{100} = 10\ \Omega$$

負荷の相電流 I_s〔A〕は
$$I_s = \frac{V}{Z} = \frac{200}{10} = 20\ \text{A}$$

△結線のため，線電流 I は相電流 I_s の $\sqrt{3}$ 倍となるから
$$I = \sqrt{3}\ I_s = 20\sqrt{3}\ \text{A}$$

負荷の力率 $\lambda = \cos \theta$ は，$\cos \theta = \dfrac{R}{Z} = \dfrac{8}{10}$
$$= 0.8$$

したがって，負荷の消費電力 P は

$$P = \sqrt{3}\,VI\cos\theta = \sqrt{3}\times200\times20\sqrt{3}\times0.8 =$$
$$9\,600\,\text{W} = 9.6\,\text{kW}$$

（答） $P = 9.6\,\text{kW}$

12　三相負荷が丫結線されているので，相電圧 V_s

は線間電圧の $\dfrac{1}{\sqrt{3}}$ で

$$V_s = \frac{E}{\sqrt{3}}\,\text{V}$$

となる。負荷の相電流 I_s は

$$I_s = \frac{V_s}{R} = \frac{E}{\sqrt{3}\,R}\,\text{V}$$

丫結線のため，線電流 I は相電流 I_s と同じになるから

$$I = I_s = \frac{E}{\sqrt{3}\,R}\,\text{A}$$

となる。抵抗負荷のため力率は $100\,\%$（$\cos\theta = 1$）であるから，この回路の消費電力 P〔W〕を示す式は

$$P = \sqrt{3}\,EI\cos\theta = \sqrt{3}\times E\times\frac{E}{\sqrt{3}\,R}\times1 = \frac{E^2}{R}$$

となる。

（答） ④

13　(1)　負荷のインピーダンス $\dot{Z}$〔Ω〕とその大きさ Z〔Ω〕は

$$\dot{Z} = 10 + j10\sqrt{3}\,\Omega$$
$$Z = \sqrt{10^2 + (10\sqrt{3})^2} = \sqrt{400} = 20\,\Omega$$

線間電圧は，$V = 120\,\text{V}$ であるから負荷の相電 V_s は

$$V_s = \frac{V}{\sqrt{3}} = \frac{120}{\sqrt{3}}\,\text{V}$$

相電流 I は $I_s = \dfrac{V_s}{Z} = \dfrac{120}{20\times\sqrt{3}} \fallingdotseq 3.46\,\text{A}$

線電流 I は相電流 I_s と等しく，$I = 3.46\,\text{A}$

(2)　負荷の力率 λ〔%〕は

$$\lambda = \cos\theta = \frac{R}{Z}\times100 = \frac{10}{20}\times100 = 50\,\%$$

(3)　負荷の消費電力 P〔W〕は

$$P = \sqrt{3}\,VI\cos\theta = \sqrt{3}\times120\times3.46\times0.5$$

$$\fallingdotseq 360\,\text{W}$$

（答）　(1) $I = 3.46\,\text{A}$　(2) $\lambda = 50\,\%$
(3) $P = 360\,\text{W}$

14　(1)　負荷のインピーダンス $\dot{Z}$〔Ω〕とその大きさ Z〔Ω〕は

$$\dot{Z} = 9 - j12\,\Omega$$
$$Z = \sqrt{9^2 + 12^2} = \sqrt{225} = 15\,\Omega$$

$E = 220\,\text{V}$ の電源が丫結線されているので，線間電圧 V〔V〕は

$$V = \sqrt{3}\,E = 220\sqrt{3}\,\text{V}$$

負荷の相電流 I_s〔A〕は

$$I_s = \frac{V}{Z} = \frac{220\sqrt{3}}{15}\,\text{A}$$

△結線のため，線電流 I は相電流 I_s の $\sqrt{3}$ 倍となるから

$$I = \sqrt{3}\,I_s = \sqrt{3}\times\frac{220\sqrt{3}}{15} = 44.0\,\text{A}$$

(2)　負荷の力率 λ〔%〕は

$$\lambda = \cos\theta = \frac{R}{Z}\times100 = \frac{9}{15}\times100 = 60\,\%$$

(3)　負荷の消費電力 P は

$$P = \sqrt{3}\,VI\cos\theta = \sqrt{3}\times220\sqrt{3}\times44\times0.6$$
$$= 17424\,\text{W} \fallingdotseq 17.4\,\text{KW}$$

（答）　(1) $I = 44.0\,\text{A}$　(2) $\lambda = 60\,\%$
(3) $P = 17.4\,\text{kW}$

15　**（答）**　① **三相**　② **大きさ**
③ $\dfrac{120f}{p}$　④ **同期**　⑤ **二つ**
⑥ **楕円**

16　三相誘導電動機の回転磁界の同期速度は，周波数が f〔Hz〕で磁極数が p の場合

$$N = \frac{120f}{\text{p}} = \frac{120\times60}{6} = 1\,200\,\text{min}^{-1}$$

で与えられる。無負荷時はほぼ同期速度で回転するが，定格負荷時の三相電動機の回転速度は，同期速度より約 $3\sim10\,\%$ 程度遅れている。

（答）　②

9章　電気計器

1 (1) 階級（CLASS）が 0.5 級であるので，許容差は最大目盛値 150 mA の ±0.5 % 以内となる。

$150\,\text{mA} \times (\pm 0.5)\% = \pm 0.75\,\text{mA}$

(2) 教科書の表 9・5，表 9・6 を参照のこと。

（答）(1) **±0.75 mA 以内**　(2) **永久磁石可動コイル形で水平に置いて用いる。**

2 百分率誤差 ε〔%〕は，絶対誤差（|（測定値）−（真の値）|）の真の値に対する百分率なので，次のように求められる。

$$\varepsilon = \frac{|（測定値）-（真の値）|}{（真の値）} \times 100$$

$$= \frac{203-200}{200} \times 100 = 1.5\,\%$$

（答）**ε = 1.5 %**

3 (1) 一の位の "7" のみが意味のある数値なので，1桁

(2) 0.300 のうち小数第一位の"3"，小数第二位の"0"，小数第三位の"0"の三つが意味のある数値なので，3桁

(3) 999.9 のうち百の位の"9"，十の位の"9"，一の位の"9"，小数第一位の"9"の四つが意味のある数値なので，4桁

(4) 3.54×10^6 のうち一の位の"3"，小数第一位の"5"，小数第二位の"4"の三つが意味のある数値なので，3桁

（答）(1) **1桁**　(2) **3桁**　(3) **4桁**　(4) **3桁**

4 (1)
```
      3.32▊
 +    5.527▊
      8.847
       ⇩
      8.85
```

(2)
```
      1.364▊
 −    0.42▊
      0.944
       ⇩
      0.94
```

(3)
```
        10.26
 ×       4.20
            0
         2052
        4104
      43.09▨20▨
         ⇩
      43.1
```

(4)
```
          0.08333…⇨ 0.0833
  60.0)5.00
         4.80
           2
         180
           2
         180
           2
         180
           2
          ⋮
```

（答）(1) **8.85，3桁**　(2) **0.94，2桁**
　　　(3) **43.1，3桁**　(4) **0.0833，3桁**

5 （答）(1)（ウ）　(2)（ア）　(3)（オ）
　　　　(4)（イ）　(5)（エ）

6 電流計は負荷と直列に，電圧計は負荷と並列に接続するのが基本である。また，電圧計は，測定しようとする部分の両端に接続する。

（答）④

7 (1) 一般家庭用の商用電源の電圧は交流（AC）100 V なので，直近上位の AC.120 V レンジを用いる。

(2) 単3乾電池の端子電圧は直流（DC）1.5 V なので，直近上位の DC.3 V レンジを用いる。

（答）(1) **AC.120 V レンジ**　(2) **DC.3 V レンジ**

8 （答）①（ア）　②（エ）　③（キ）
　　　　④（カ）　⑤（ケ）

9 2電力計法による三相電力の測定は，教科書の式（9・7）に代入して求める。

$P = P_1 + P_2 = 1.67 \times 10^3 + 1.10 \times 10^3$

$= 2.77 \times 10^3\,\text{W} = 2.77\,\text{kW}$

（答）　$P = 2.77\,\text{kW}$

10　①　ディジタル計器では出力がディジタル信号なので，コンピュータを使ってデータの記録や演算がしやすい。

　　②　測定結果が数字で表示され，しかも極性や小数点および単位まで自動的に表示されるので，個人差による読取り誤差がない。

　　③　測定結果の数字が4～7桁と桁数を多く取ることができ，高精度の計器がつくられる。

　　④　ディジタルマルチメータ，または小形のマルチテスタは，1台で電圧・電流・抵抗などを測定できるが高価である。

　　⑤　A-D 変換を使用して入力のアナログ信号をディジタル信号に変換するが，変換時間は数ミリ秒程度である。

　　したがって，⑤ が誤りである。

（答）　⑤

11　（答）　①　平衡　　②　$\dot{Z}_2\dot{I}_2$　　③　$\dot{Z}_2\dot{Z}_4$
　　　　　　④　積　　⑤　a_2　　⑥　b_2

12　交流ブリッジの平衡条件は
$$P(R+j\omega L) = Q(R_x+j\omega L_x)$$
である。この式の両辺の実部と虚部がそれぞれ等しくなければならないので

$$PR = QR_x \qquad \therefore R_x = \frac{P}{Q}\,R$$

$$j\omega LP = j\omega L_x Q \qquad \therefore L_x = \frac{P}{Q}\,L$$

を得る。上式より，未知の R_x および L_x は

$$R_x = \frac{P}{Q}\,R = \frac{4.5 \times 10^3}{1.5 \times 10^3} \times 1.5 = 4.5\,\Omega$$

$$L_x = \frac{P}{Q}\,L = \frac{4.5 \times 10^3}{1.5 \times 10^3} \times 1.2 \times 10^{-3}$$
$$= 3.6 \times 10^{-3}\,\text{H} = 3.6\,\text{mH}$$

となる。

（答）　$L_x = 3.6\,\text{mH},\ R_x = 4.5\,\Omega$

13　（答）　①　時間　　②　波形

③　陰極線管　　④　偏光板

⑤　液晶ディスプレイ　　⑥　A-D

⑦　メモリ

10章　各種の波形

1　一般に周期的な非正弦波交流は，多くの正弦波交流に分解できることがわかっている。問題で表された非正弦波交流の式には直流分が含まれている。

（答）　①

2　（答）　①　鉄心　　②　高調　　③　偶数
　　　　　④　対象　　⑤　平方　　⑥　基本
　　　　　⑦　平均　　⑧　実効　　⑨　同じ
　　　　　⑩　VI

3　（答）　(1)　(a)　$i_1 = \sqrt{2}\,I_1 \sin \omega t$
　　　　　　　　(b)　$i_2 = \sqrt{2}\,I_2 \sin 2\omega t$
　　　　　　　　(c)　$i = \sqrt{2}\,I_1 \sin \omega t + \sqrt{2}\,I_2 \sin 2\omega t$
　　　　　　(2)　(a)　$i_1 = \sqrt{2}\,I_1 \sin \omega t$
　　　　　　　　(b)　$i_3 = \sqrt{2}\,I_3 \sin 3\omega t$
　　　　　　　　(c)　$i = \sqrt{2}\,I_1 \sin \omega t + \sqrt{2}\,I_3 \sin 3\omega t$

4　非正弦波交流 e〔V〕の実効値 E〔V〕は，各調波の実効値を $E_1, E_2, E_3, \cdots\cdots, E_n$〔V〕とすると
$$E = \sqrt{E_1{}^2 + E_2{}^2 + E_3{}^2 + \cdots\cdots + E_n{}^2}\ \text{〔V〕}$$
で計算される。

　　この問題の非正弦波電圧は，基本波，第3調波および第5調波からなっている。各調波の実効値が $E_1 = 20\,\text{V}$，$E_3 = 10\,\text{V}$，$E_5 = 5\,\text{V}$ であるから，求める実効値 E は
$$E = \sqrt{E_1{}^2 + E_3{}^2 + E_5{}^2} = \sqrt{20^2 + 10^2 + 5^2}$$
$$= \sqrt{525} \fallingdotseq 22.9\,\text{V}$$
となる。

（答）　$E = 22.9\,\text{V}$

5　与えられた非正弦波電圧 e〔V〕は，奇数調波だけで構成されているので横軸に対して対称波となる。

（答）　**対称波となる**

6　与えられたひずみ波交流電圧の基本波は $200 \sin \omega t$ で，高調波は $40 \sin 3\omega t + 30 \sin 5\omega t$ である。

これより基本波の実効値 E_1 は

$$E_1 = \frac{200}{\sqrt{2}} = 100\sqrt{2} \text{ 〔V〕}$$

高調波全体の実効値 E_H は

$$E_H = \sqrt{E_3{}^2 + E_5{}^2} = \sqrt{\left(\frac{40}{\sqrt{2}}\right)^2 + \left(\frac{30}{\sqrt{2}}\right)^2}$$

$$= \sqrt{800 + 450} = \sqrt{1\,250}$$

$$= \sqrt{625 \times 2} = 25\sqrt{2} \text{ 〔V〕}$$

よって，求めるひずみ率 KF は

$$KF = \frac{\text{高調波の実効値}}{\text{基本波の実効値}} = \frac{E_H}{E_1} = \frac{25\sqrt{2}}{100\sqrt{2}} = 0.25$$

となる。

（答）　⑤

7　非正弦波交流電圧 e〔V〕の各調波の実効値を E_1，E_2，$E_3 \cdots$，非正弦波交流電流 i〔A〕の各調波の実効値を I_1，I_2，$I_3 \cdots$，それぞれの位相差を φ_1，φ_2，$\varphi_3 \cdots$ とすれば電力 P〔W〕は次式のようになる。

$$P = P_1 + P_2 + P_3 \cdots$$

$$= E_1 I_1 \cos \varphi_1 + E_2 I_2 \cos \varphi_2 + E_3 I_3 \cos \varphi_3 \cdots \text{〔W〕}$$

与えられた電圧 e〔V〕も電流 i〔A〕も非正弦波交流で，基本波と第3調波からなる。それぞれの実効値は，最大値を $\sqrt{2}$ で割ると

$$E_1 = \frac{100}{\sqrt{2}} \text{ V} \qquad E_3 = \frac{50}{\sqrt{2}} \text{ V}$$

$$I_1 = \frac{20}{\sqrt{2}} \text{ A} \qquad I_3 = \frac{10\sqrt{3}}{\sqrt{2}} \text{ A}$$

となる。E_1 と I_1 の位相差 φ_1〔rad〕および E_3 と I_3 の位相差 φ_3 rad は

$$\varphi_1 = \frac{\pi}{6} \text{ rad}$$

$$\varphi_3 = -\frac{\pi}{6} - \frac{\pi}{6} = -\frac{2\pi}{6} = -\frac{\pi}{3} \text{ rad}$$

である。したがって，それぞれの力率は

$$\cos \varphi_1 = \cos \frac{\pi}{6} = \frac{\sqrt{3}}{2}$$

$$\cos \varphi_3 = \cos \left(-\frac{\pi}{3}\right) = \frac{1}{2}$$

であるから，基本波の電力 P_1 と第3調波の電力 P_3 は

$$P_1 = E_1 I_1 \cos \varphi_1 = \frac{100}{\sqrt{2}} \times \frac{20}{\sqrt{2}} \times \frac{\sqrt{3}}{2}$$

$$= \frac{2\,000\sqrt{3}}{4} = 500\sqrt{3} \text{ W}$$

$$P_3 = E_3 I_3 \cos \varphi_3 = \frac{50}{\sqrt{2}} \times \frac{10\sqrt{3}}{\sqrt{2}} \times \frac{1}{2}$$

$$= \frac{500\sqrt{3}}{4} = 125\sqrt{3} \text{ W}$$

したがって，回路の電力 P〔kW〕は

$$P = P_1 + P_3 = 500\sqrt{3} + 125\sqrt{3} = 625\sqrt{3}$$

$$\fallingdotseq 1\,082.5 \text{ W} \fallingdotseq 1.08 \text{ kW}$$

となる。

（答）　②

8　（答）　①　パルス　　②　方形　　③　最大
　　　　④　逆　　⑤　繰返し　　⑥　50
　　　　⑦　10　　⑧　10

9　（答）　(1)　$V_m = 5 \text{ cm} \times 5 \text{ V/cm} = 25 \text{ V}$

(2)　パルス幅 τ とは，パルスの前縁と後縁の50〔%〕振幅間であるから

　　$\tau = 3 \text{ cm} \times 10 \text{ μs/cm} = 30 \text{ μs}$

(3)　立上り時間 t_r とは，パルスの振幅が $10 \sim 90\%$ になるまでの時間であるから

　　$t_r = 1 \text{ cm} \times 10 \text{ μs/cm} = 10 \text{ μs}$

(4)　立下り時間 t_f とは，パルスの振幅が $90 \sim 10\%$ になるまでの時間であるから

　　$t_f = 1 \text{ cm} \times 10 \text{ μs/cm} = 10 \text{ μs}$

(5)　繰返し周期 f_r とは，同じ波形が現れるまでの時間であるから

　　$f_r = 6 \text{ cm} \times 10 \text{ μs/cm} = 60 \text{ μs}$

(6)　衝撃係数 D_r は次式で与えられる。

$$D_r = \frac{\text{パルス幅 } \tau}{\text{繰返し周期 } f_r} = \frac{30 \text{ μs}}{60 \text{ μs}} = 0.5$$

（答）　(1)　$V_m = 25 \text{ V}$　　(2)　$\tau = 30 \text{ μs}$

(3) $t_r = 10\ \mu s$　(4) $t_f = 10\ \mu s$

(5) $f_r = 60\ \mu s$　(6) $D_r = 0.5$

10　(答)　①　過渡　②　R　③　微分

④　積分

11　(1)　時定数τは

$\tau = R\ (\Omega) \times C\ (F) = 100 \times 1 \times 10^{-6}$

　　$= 1 \times 10^{-4}\ s = 0.1\ ms$

となる。

(2)　充電が開始されてからt秒後のコンデンサCの端子電圧は，$\varepsilon \doteqdot 2.72$ を自然対数の底とすると

$v_c = V(1 - \varepsilon^{-\frac{t}{RC}})$

で表される。この式において，$t = t_1 = RC$ であるから求める v_c は

$v_c = V(1 - \varepsilon^{-1}) \doteqdot V(1 - 0.37) = 1 \times 0.63$

　　$= 0.63\ V$

となる。

(3)　コンデンサへの充電がほぼ完了する時間 t_2 は，次式で与えられる。

$t_2 = 2.3RC\ (s) = 2.3 \times 0.1\ ms = 0.23\ ms$

(答)　(1)　$\tau = 0.1\ ms$

　　　(2)　$v_c = 0.63\ V$

　　　(3)　$t_2 = 0.23\ ms$

演習問題集
電気回路
解答編